# 天然气部分氧化裂解制乙炔工艺技术

青海盐湖元品化工有限责任公司 编

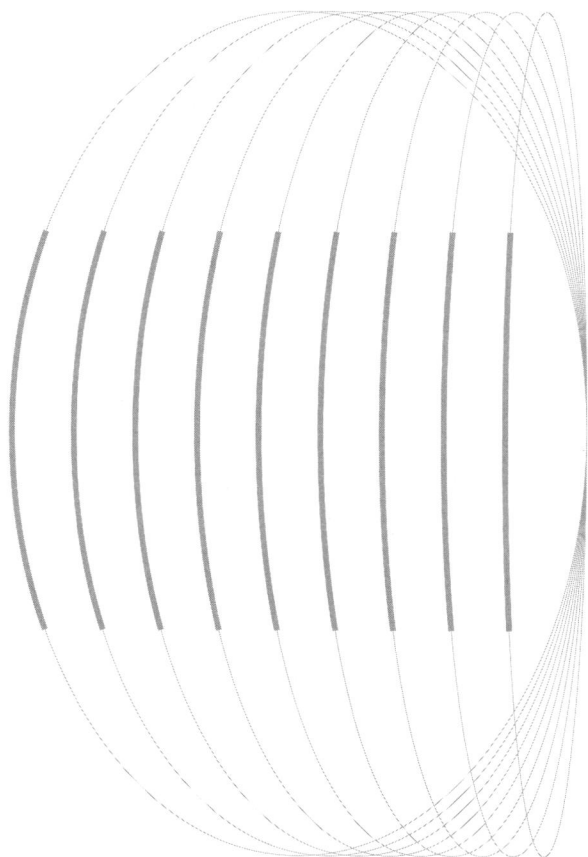

化学工业出版社

·北京·

**内容简介**

本书着重于天然气制乙炔技术，通过具体的工艺案例，详细论述了整个生产环节的方方面面。主要内容包括：①工艺操作指标；②工艺指标偏离调整步骤；③开、停工操作规程；④临时操作规程；⑤事故处理应急操作；⑥操作管理规定；⑦仪表控制系统操作规程；⑧安全、环保、职业健康规定。

本书适合从事天然气、化工等相关专业的科研、设计、建设人员等学习参考，也适合作为天然气加工技术类企业在职人员的培训教材。

**图书在版编目（CIP）数据**

天然气部分氧化裂解制乙炔工艺技术 / 青海盐湖元品化工有限责任公司编 . — 北京：化学工业出版社，2025. 8. — ISBN 978-7-122-48346-1

Ⅰ. TE64；TQ221.24

中国国家版本馆 CIP 数据核字第 2025SX9519 号

责任编辑：廉　静　　　文字编辑：张瑞霞
责任校对：李　爽　　　装帧设计：王晓宇

出版发行：化学工业出版社
　　　　　（北京市东城区青年湖南街 13 号　邮政编码 100011）
印　　装：河北鑫兆源印刷有限公司
787mm×1092mm　1/16　印张 11¾　字数 254 千字
2025 年 10 月北京第 1 版第 1 次印刷

购书咨询：010-64518888　售后服务：010-64518899
网　　址：http://www.cip.com.cn
凡购买本书，如有缺损质量问题，本社销售中心负责调换。

定　　价：89.00 元　　　　　版权所有　违者必究

# 前 言
PREFACE

在全球能源结构深度调整和"双碳"目标全面推进的时代背景下，清洁能源技术创新已成为推动产业升级、实现绿色低碳发展的核心驱动力。作为我国盐湖资源综合开发的战略支撑企业，青海汇信资产管理有限责任公司始终以科技创新为引领，积极探索高原特色化工产业高质量发展路径。《天然气部分氧化裂解制乙炔工艺技术》的编撰出版，正是这一战略思维的具体实践，标志着我国在高海拔地区清洁能源转化技术领域取得了突破性进展，填补了特殊地理环境下天然气高效利用技术的系统性研究空白。

本书立足于青藏高原独特的生态环境与资源禀赋，突破传统工艺范式，构建了涵盖"理论研究-技术开发-工程实践-安全运维-达产达标"的完整知识体系。通过建立高海拔低气压环境下的燃烧反应动力学模型，系统阐释了复杂工况下天然气部分氧化裂解的反应机理；攻克了高原地区传统裂解工艺转化率低、能耗高、稳定性差等技术瓶颈。为我国高海拔地区清洁能源产业化应用提供了可复制的技术范式。既适合作为企业工程技术人员的操作指南，也可作为高等院校化工专业的进阶教材，更是新能源领域研究者的重要参考文献。

为打造产学研一体化企业，全面提升员工综合素质和企业竞争能力与创造能力，助推公司人才发展战略和循环经济建设，青海盐湖元品化工有限责任公司组织乙炔工序相关技术人员承担了本书的编写工作，本书的编写得到了中国盐湖工业集团有限公司及青海汇信资产管理有限责任公司的大力支持和具体指导。本书重点介绍生产工艺、设备、维护、安全等。本书最终能出版发行，汇聚了中国盐湖工业集团化工人的智慧和经验，也是盐湖儿女对公司天然气制乙炔生产技术在高海拔地区引进的总结和推陈出新。

诚望业界同仁不吝指正，让我们共同推动能源化工技术向着更高效、更清洁、更智能的方向持续进化。

本书由薛红魁组织编审，王祥文、王得双、成朝阳、李刚、王石军、夏风、常喜斌等参加了审稿及修订工作。

薛红魁
2025 年 5 月

# 目 录
CONTENTS

# 第一章　天然气制乙炔工艺原理与工艺流程

## 第一节　装置概况

### 一、装置简介

乙炔装置采用德国 BASF 公司天然气部分氧化制取乙炔技术，由 BASF 公司提供工艺包。装置设计能力为 46800t/a 乙炔（以 $100\%C_2H_2$ 计）。BASF 公司天然气部分氧化制取乙炔工艺，是在没有催化剂和热载体存在的情况下，在裂解反应炉内通过天然气和氧气的火焰反应，生成含乙炔约 6%（体积分数，干基）的裂解气。用 $N$-甲基吡咯烷酮（NMP）溶剂在加压、常温条件下对裂解气（及循环气的混合气体）进行选择性吸收，又通过减压、真空、加热等过程使溶解于 NMP 溶剂中的气体分步解吸。混合气体经过上述处理后被分离成 3 股气体：富含氢气和一氧化碳的乙炔尾气、纯度约 99%（体积分数）的粗乙炔气及高级炔气。

粗乙炔气经碱洗、酸洗处理获得乙炔装置的最终产品：纯度 $\geqslant99.7\%$ 的精制乙炔，供应 VCM（氯乙烯）装置用作原料；副产品之一的乙炔尾气送往合成氨装置和甲醇装置用作原料；另一副产品高级炔气送往电站锅炉用作燃料。

本装置由中国化学工程第七建设有限公司承担全部土建工程及设备、管道、电气、仪表的安装工程。2009 年 6 月 15 日开工，2013 年 6 月全部建成，后陆续经单机开车、联动开车等工作，于 2013 年 11 月 2 日一次性投料开车成功进入试生产阶段。2015 年 3 月 19 日 17 时至 3 月 22 日 17 时通过了 72 小时达产达标性能考核。

### 二、工艺原理

本装置分为裂解气生成及压缩（部分氧化）、乙炔提浓和乙炔净化三大主要部分，以下是各部分的工艺原理。

#### 1. 裂解气生成及压缩（部分氧化）

部分氧化是本装置的关键工段，天然气和氧气经预热炉至 565℃后进入裂解反应炉，按一定比例混合发生燃烧反应（也称为部分氧化反应），生成含乙炔 6%（体积分数，干基）的裂解气。

部分氧化原理如下：

1

天然气中的甲烷与氧气发生部分氧化反应，热原料气体进入烧嘴板后被引燃火焰点燃，主火焰提供生成乙炔的反应热，并产生 CO、$H_2$、$H_2O$ 和 $CO_2$。主火焰释放的能量使过量的天然气裂解成自由基而生成乙炔、高级炔（HA），同时生成氢气、一氧化碳和水，并有少量的二氧化碳、丁二炔、乙烯基乙炔、其他烃类物质以及炭黑。这个反应在温度为 1500～1700℃的燃烧室中发生。

主要反应方程式如下：

合成气生成反应：

$$CH_4 + O_2 \longrightarrow CO + H_2O + H_2 \quad H = -278kJ/mol$$

乙炔生成反应：

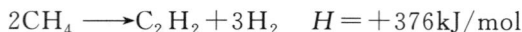

$$2CH_4 \longrightarrow C_2H_2 + 3H_2 \quad H = +376kJ/mol$$

乙炔分解反应：

$$C_2H_2 \longrightarrow 2C + H_2 \quad H = -227kJ/mol$$

总反应式：

$$5CH_4 + 3O_2 \xrightarrow[\text{约 0.1MPa：1～3ms}]{>1500℃} HC \equiv CH + 6H_2 + 3CO + 3H_2O$$

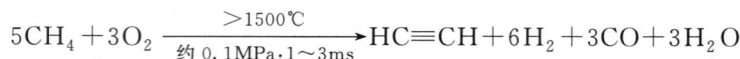

反应机理：此工艺反应过程中乙烷和乙烯存在的时间都很短，而乙炔存在的时间相对长得多；只有当反应时间过长或者温度极高时，乙炔才进而分解为 $C(s) + H_2$。通常认为，甲烷高温裂解是按下列连锁反应进行的：

$$CH_4 \xrightarrow{k_1} C_2H_6 \xrightarrow{k_2} C_2H_4 \xrightarrow{k_3} C_2H_2 \xrightarrow{k_4} C + H_2$$

Holmen 等人假定上述的前 3 个反应步骤是不可逆的一级反应，最后一步的乙炔分解反应是不可逆的二级反应，乙烷的寿命很短，可以忽略。利用有关文献中的动力学数据计算，绝热反应器中甲烷裂解时上述几种组分的浓度随着反应时间的变化情况与对应的实验结果很好吻合。

甲烷分解成乙炔和乙炔分解反应的均相反应速率分别可以用下式描述：

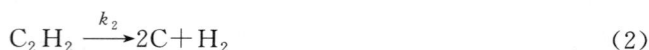

$$2CH_4 \xrightarrow{k_1} C_2H_2 + 3H_2 \tag{1}$$

$$C_2H_2 \xrightarrow{k_2} 2C + H_2 \tag{2}$$

$$k_1 = 7.3 \times 10^{11} \exp(-79400/RT)$$

$$k_2 = 4.8 \times 10^7 T^{1/2} \exp(-32000/RT)$$

式中，$R$ 为气体常数，8.314J/(mol·K)；$T$ 为温度。

在 1500℃以上的高温下，乙炔和甲烷都不稳定，会分解成元素碳和氢，但乙炔分解反应的速度不如甲烷生成乙炔的速度快，乙炔分解反应的活化能为 185.02kJ/mol，甲烷一级分解反应的活化能为 379.47kJ/mol，为此可利用乙炔分解反应对温度的敏感性（活化能小的反应对降温敏感），本工艺中采用急冷方式，控制反应物料在高温区停留时间 ≤0.4ms，使甲烷生成乙炔的反应得以进行，而分解反应来不及发生。因此尽管最终平衡产物是 C 和 $H_2$，乙炔只是中间产物，但只要采用极短的保留时间（$0.4 \times 10^{-2}$ s）和有效的急冷措施截断乙炔的分解反应，完全能够获得高收率的乙炔产物。

又因为反应（2）为一级反应，所以 $C_A$-$t$ 关系符合一级反应规律。中间产物 $C_2H_2$ 的 $C_B$-$t$ 曲线出现一个极大值，由于中间产物 $C_2H_2$ 为目的产品，即目标产物，则 $C_B$ 达到极大值的时间，称为中间产物 $C_2H_2$ 的最佳时间。

### 2. 乙炔提浓

裂解气在经过冷却、洗涤及压缩等一系列工序后进入提浓工段，其目的是将乙炔从裂解气中分离出来。提浓工段采用的方式为溶剂吸收，选用 N-甲基吡咯烷酮（NMP）为吸收溶剂。

乙炔提浓原理如下：

用 N-甲基吡咯烷酮（NMP）溶剂在加压、常温条件下对裂解气（及循环气的混合气体）进行选择性吸收，然后通过减压、真空、加热等过程使溶解于 NMP 溶剂中的气体分步解吸。裂解气体经过上述处理后被分离成 3 股气体：富含氢气和一氧化碳的乙炔尾气和粗乙炔气及高级炔气。

### 3. 乙炔净化

从提浓工序来的被水饱和的粗乙炔，通过增压、净化，送至 VCM 装置作为原料。净化工段采用先碱洗后酸洗的方式，分别选用氢氧化钠溶液和浓硫酸为洗涤剂。

乙炔净化原理如下：

先通过氢氧化钠溶液的洗涤除去乙炔气体中的二氧化碳，同时乙炔气体被冷却。然后由浓硫酸对乙炔气进行二级洗涤，气体中的不饱和烃及少量乙炔通过聚合反应被浓硫酸洗去，同时气体中的水分也被浓硫酸吸收。

# 第二节　工艺流程说明

### 1. 裂解气生成及冷却

原料天然气和原料氧气经管道送入界区，经过滤除去铁锈等固体杂质，天然气通过调节阀稳定流量，氧气由流量比值调节系统根据进入天然气流量来调定流量，两种气体分别流经天然气预热炉和氧气预热炉，加热。两种预热炉在正常情况下以天然气作燃料，特殊情况下，也可以用装置内生成的乙炔尾气（合成气）或高级炔气作燃料。

出预热炉的天然气和氧气分别沿径向和轴向从裂解反应炉顶部进入混合三通，两种气体在此达到均匀混合后，向下进入燃烧室，在此发生天然气部分氧化和甲烷裂解的反应，生成乙炔、合成气及其他反应产物。为保证乙炔的产率和尽量减少乙炔的深度裂解，出燃烧室的气体立刻被下方喷入的急冷水骤冷，从而终止反应。骤冷后的裂解气从反应炉下部送出。

在烧嘴板内及下部沿轴向和径向通入辅氧，用于正确限制火焰反应开始的位置，并稳定反应火焰。

裂解反应炉中生成的炭黑，一部分被裂解气带出反应炉，一部分被急冷水洗下，还有一部分沉积在燃烧室侧壁，形成炭黑结块。炭黑结块定时由清焦机器人通过伸入炉内的刮炭棒刮除。洗下炭黑的急冷水和刮下的焦炭（炭黑结块）均落入反应炉底部，含有轻炭黑的水溢流出反应炉；底部沉积的焦炭与混合的少量水定时从炉底排出，焦炭运出处理。

从各台裂解反应炉溢流出的含炭黑的急冷水，汇入急冷水集合管，然后流入裂解气洗涤塔下部；出各台裂解反应炉的裂解气汇入总管，送入裂解气洗涤塔下段，被从上流下的急冷水洗去大部分炭黑并进一步冷却后，出裂解气洗涤塔下段塔顶的裂解气继续送入该塔上段进行洗涤操作，降温后从塔顶排出，送至压缩工序。

从裂解气洗涤塔下部出来的含有炭黑的急冷水，由裂解气急冷水泵输送，流经裂解气急冷水冷却器，被循环冷却水冷却。冷却后的急冷水部分循环回裂解气洗涤塔顶部用于气体的洗涤冷却；部分循环回各裂解反应炉用于裂解气的骤冷；另有部分急冷水挟带着炭黑排出系统，送去炭黑水处理系统进行炭黑分离。

由燃烧室冷却水循环槽、燃烧室冷却水循环泵、燃烧室冷却水冷却器、燃烧室冷却水压送罐及各台裂解反应炉燃烧室的水冷夹套组成独立的冷却水循环回路，用于反应炉燃烧室的冷却。出各反应炉燃烧室夹套的冷却水先汇入燃烧室冷却水循环槽，然后用燃烧室冷却水循环泵增压后，流经换热器，被循环冷却水冷却，送入燃烧室冷却水压送罐用氮气压送去各反应炉燃烧室冷却水夹套。

### 2. 裂解气压缩

从裂解气洗涤塔来的裂解气与来自提浓工序的富乙炔循环气合并，形成含乙炔的混合气，使用螺杆压缩机压缩。为适应裂解气气量的变化，设置了两台压缩机并联操作。压缩机用蒸汽透平驱动。为抑制裂解气中聚合物的生成（高温有利于不饱和烃聚合），采用了向气体入口管线内喷水的办法，控制各段出口气体温度。

裂解气在裂解气压缩机 1 段进口与喷入的喷淋水混合，经 1 段压缩与水混合排出，进入 1 段压缩冷却塔下部。气体在塔内被冷却降温，送至裂解气压缩机 2 段进口，经 2 段压缩与水混合送入 2 段压缩冷却塔降温。出 2 段压缩冷却塔 A、B 塔顶的裂解气送往提浓工序。

出 2 段压缩冷却塔底的洗涤水，利用自身压力流经 2 段冷却水冷却器被循环水冷却，送入 1 段压缩冷却塔上部，用于出压缩机 1 段气体的洗涤冷却。

出 1 段压缩冷却塔底的洗涤水，用 1 段冷却水增压泵增压后，流经 1 段冷却水冷却器，用循环水冷却，部分送去裂解气压缩机各段入口，部分送入 2 段压缩冷却塔上部，用于出压缩机 2 段气体的洗涤冷却。多余的水（主要是裂解气经增压、降温而析出的冷凝水）送至裂解气洗涤塔。

裂解气在经螺杆式压缩机压缩的同时，与喷入压缩机内的水充分接触混合，气体中残留的少量炭黑被洗入水中，因而气体得以最终净化。

### 3. 乙炔提浓及溶剂再生

裂解气在乙炔提浓工序中通过溶剂 N-甲基吡咯烷酮（NMP）的选择性吸收、解吸而分离成三种气体混合物：产品乙炔（AC）、乙炔尾气（SG）和高级炔气（HA）。

　　来自压缩机含有乙炔的裂解气进入预洗塔。清洁的 NMP 溶剂从预洗塔顶部自上流下。在塔的下段，随反应气带入的大部分水蒸气被溶剂吸收除去。在塔的中段，易溶解的组分，如丁二炔、萘和苯，被溶剂吸收除去；气体中少量的乙炔在塔顶部被溶剂吸收。在塔下段因吸收水蒸气而放热升温的溶剂被预洗液循环泵从塔底抽出，大部分溶剂经预洗塔冷却器用循环冷却水冷却后返回塔下部吸收段上部；其余部分与塔顶进料量平衡的溶解有丁二炔、萘、苯和少量乙炔的溶剂送往乙炔气提塔。

　　预洗塔使用少量溶剂进行操作，吸收了占总量很小比例乙炔的同时，将几乎全部的 HA 吸收，从而达到尽可能除去气体中丁二炔、萘和苯三种成分的目的。

　　经预洗塔除去了绝大部分丁二炔、萘和苯的裂解气进入主洗塔，与送入塔顶的大量清洁的 NMP 溶剂逆流接触，其中的乙炔及乙烯基乙炔几乎全部被溶剂吸收。洗涤后的气体中剩余的组分主要是氢气和一氧化碳（称作乙炔尾气或合成气），出塔顶后送入尾气洗涤塔洗去挟带的溶剂后送出界区。

　　从主洗塔底采出的溶有大量乙炔和一定量高级炔烃（本装置将丁二炔、丙炔、丙二烯、乙烯基乙炔、苯等成分统称为高级炔烃）、二氧化碳等成分的载气溶剂送入逆流解吸塔的顶部，减压后，使溶剂中的部分乙炔和绝大部分较乙炔更难溶解的气体组分在此闪蒸而与溶剂分离。

　　自热力解吸塔顶来的富乙炔气从逆流解吸塔底部送入，与塔顶下流的载气溶剂逆流接触，气体中的水分和高级炔烃等重组分被逐步吸收，使上升气体中乙炔浓度逐渐增大。因减压和上升气体的汽提作用，溶剂在自上而下流动的过程中，溶解的微量氢气、一氧化碳、二氧化碳等较乙炔轻的组分先解吸出来，由于汽提气流不断上升，此时乙炔也逐渐发生解吸，在逆流解吸塔中段浓度达到最大，故从此处侧线抽出粗乙炔气。粗乙炔气流经乙炔洗涤塔，用蒸汽冷凝水洗涤除去挟带的溶剂后，作为产品送去乙炔增压净化工序。在乙炔增压净化前设置有一个乙炔气柜，用于前后工序的缓冲。

　　从逆流解吸塔中段继续上升的富乙炔气体，进一步汽提出溶剂中溶解的二氧化碳等组分，在塔顶与溶剂闪蒸分离出的气体混合从塔顶采出，出塔顶富含乙炔的气体引入循环气洗涤塔，与从乙炔汽提塔塔顶来的富乙炔气一起经洗涤除去挟带的溶剂后，作为循环气返回裂解气压缩机入口总管。

　　逆流解吸塔塔底富含乙炔和一定量高级炔的溶剂由逆流解吸液泵输送，经溶剂换热器与来自真空解吸塔塔底的高温溶剂换热升温后，与从溶剂混合液罐来的溶剂、水混合液混合，再经溶剂加热器用水蒸气加热后，送入接近常压操作的热力解吸塔。在此，被溶解的大部分乙炔从溶剂中解吸出来，而一定量的高级炔仍留存在溶剂中。

　　出热力解吸塔底部溶有一定量高级炔和部分乙炔的溶剂，依靠重力流入下方的真空解吸塔，经与上升的气流逆流接触后流至塔底。在负压下，塔底溶剂被真空解吸再沸器加热，蒸出溶剂中的全部气体和绝大部分水分，使溶剂中的含水量下降，从而使溶剂得到再生。

　　再生后的溶剂从塔底抽出，与出逆流解吸塔塔底的溶剂换热，然后流经溶剂冷却器用循环冷却水冷却，再经溶剂冷冻系统冷却后，送入溶剂储罐。

真空解吸塔塔底解吸和蒸发出的气体、水蒸气同部分汽化的溶剂蒸气一起上升，与塔顶流下的液体逆流接触，不断汽提出液体中溶解的高级炔、乙炔等气体。在真空解吸塔中部，高级炔达到最高浓度而作为侧流引出后去高级炔汽提塔，用以脱除来自乙炔汽提塔载气溶剂中的丁二炔、苯和萘。

出真空解吸塔塔顶的蒸气除含有乙炔外，主要含有水蒸气、溶剂蒸气和高级炔，经真空解吸气冷凝器用循环冷却水冷却后，大部分溶剂蒸气及部分水蒸气被冷凝分离。冷却了的气体经 2 台真空压缩机增压，从下部送入热力解吸塔中，与载气溶剂逆流接触，并在塔顶与溶剂中解吸出的富乙炔气混合。出热力解吸塔塔顶的气体含有大量的乙炔和一定量的高级炔，作为汽提气从下部送入逆流解吸塔。

出预洗塔塔底的载气溶剂，除含有丁二炔、苯、萘等组分外，也含有一定比例的乙炔。为了回收这部分乙炔，溶剂被引入乙炔汽提塔，减压，同时用一定量的尾气汽提，将大部分乙炔解吸出来，而高级炔等组分仍留存在溶剂中。出塔顶气体流经循环气洗涤塔，与从乙炔汽提塔塔顶来的富乙炔气一起，洗涤除去挟带的溶剂后，作为循环气返回裂解气压缩机入口总管。为防止溶剂中的萘在低温状态下析出，造成填料的堵塞，出预洗塔塔底的溶剂经预洗溶剂加热器用热凝液加热后再进入乙炔汽提塔。

出乙炔汽提塔底的溶剂，进入高级炔汽提塔上部，进一步减压，与塔底送入的自真空解吸塔中部侧流引出的富高级炔气逆流接触，使溶剂中的丁二炔、苯和萘得以汽提解吸。流入塔底的溶剂用高级炔汽提液循环泵抽出，经高级炔汽提再沸器 A（B）加热。蒸发解吸出其中所有的水分和高级炔，从而使溶剂得到再生。从高级炔汽提液循环泵出口管线上引出一股溶剂，送去溶剂处理系统脱除 NMP 中的聚合物。

离开高级炔汽提塔顶部含有大量溶剂蒸气和水蒸气的高级炔气，进入高级炔洗涤塔底部，洗涤除去挟带的溶剂后，送入洗涤冷凝塔，用大量的循环冷却水洗涤冷却，分离出大部分的冷凝水后，气体进入高级炔压缩机压缩。为了安全，在压缩前后均加入天然气用以稀释气体中（在压缩后加入天然气或合成氨尾气）的高级炔；同时压缩机进口喷入冷却水以控制排气温度。经压缩排出的高级炔气体和水的混合物送入洗涤冷却塔，用循环的冷却水洗涤冷却。从洗涤冷却塔底排出的水用冷凝水混合液泵送去废水处理站。从塔顶排出的高级炔混合气与热稀释气混合后经高级炔增压工序，送至电站锅炉作燃料。

从洗涤冷凝塔底部排出的水，流入冷凝水混合液罐，然后用冷凝水混合液泵抽出，经高级炔洗水冷却器用循环水冷却，部分水循环回洗涤冷凝塔用于高级炔气的洗涤冷却，部分水送入高级炔压缩机进口，部分送入洗涤冷却塔用于压缩后高级炔气的洗涤冷却。另有部分水送出装置去废水处理站。

进入乙炔装置的水主要有两个来源。

① 裂解反应生成的水：裂解反应生成的水，部分在用急冷水洗涤裂解气的过程中冷凝下来，进入急冷水（炭黑水）循环系统中，因而多余的水量从裂解气急冷水冷却器后排出，去炭黑水处理工序。在炭黑水处理工序分离了炭黑的水送废水处理站。

② 洗涤各股出提浓系统的气体以回收 NMP 溶剂而加入的冷凝水：随裂解气带入乙炔提浓及溶剂再生工序的水，绝大部分在预洗塔和主洗塔中被溶剂洗下，进入溶剂循环，最后在真空解吸塔和高级炔汽提塔中被蒸发成水蒸气。

出尾气洗涤塔的冷凝液和溶剂的混合液与富乙炔溶剂进入逆流解吸塔，再进入真空解吸塔；其他各股洗涤气体后的冷凝水和溶剂的混合物均收集到溶剂混合液罐，然后泵送入溶剂加热器，经加热入热力解吸塔，而后进入真空解吸塔，水在塔釜蒸发，水蒸气进入高级炔汽提塔，与该塔塔底蒸发出来的水蒸气汇合，从塔顶部与高级炔气一起排出，大部分在洗涤冷凝塔中被冷却水洗涤冷凝下来。

### 4. 溶剂处理

乙炔提浓过程中，溶解于溶剂中的部分高级炔在较高温度下易生成聚合物，使溶剂的黏度逐渐增大；同时聚合物还会沉积在设备、管道内，影响正常的操作。为了把聚合物在提浓工序循环溶剂中的含量限制在一定范围内，从高级炔气提塔塔底采出一股送去溶剂处理工序，以除去其中的聚合物。

从高级炔气提塔塔底引出的溶剂，进入溶剂蒸发罐，用溶剂蒸发循环泵强制循环，经溶剂蒸发器用蒸汽加热蒸发，利用真空解吸塔/真空压缩机系统造成溶剂蒸发罐所需的负压，使溶剂中的聚合物被浓缩。出溶剂蒸发罐顶部的溶剂蒸气进入真空解吸塔。

出溶剂蒸发罐初步浓缩了聚合物的溶剂从泵出口送一股进入聚合物浓缩液罐储存。聚合物浓缩液罐内的溶剂用溶剂输送泵分批输送至置于高位的计量罐，计量后进入带搅拌器的聚合物浓缩器，在负压力下被夹套蒸汽加热，溶剂持续蒸发，直至使聚合物成为固体残渣。蒸发的速度不是恒定的，初期蒸发很快，而后随着聚合物的浓缩而逐步变慢。蒸发浓缩快到达终点时，将氮气慢慢地送入聚合物浓缩器，同时关闭加热蒸汽和蒸汽喷射器。由于残留物中含有干的粉末状聚合物，它在空气中极易燃烧，故向聚合物浓缩器加入一定量的水，通过搅拌形成水和聚合物混合料浆，经放料漏斗流入下面的收集槽中，槽底残渣运送出装置，运至供热焚烧。

出聚合物浓缩器顶部的溶剂蒸气，绝大部分在溶剂冷凝器中冷凝下来。出溶剂冷凝器的溶剂先流入冷凝溶剂罐，然后用溶剂返回泵送入溶剂蒸发器进口，返回溶剂蒸发系统。

蒸汽喷射器通过抽吸出溶剂冷凝器的少量溶剂蒸气，形成聚合物浓缩器所需的真空。出蒸汽喷射泵携带少量溶剂的蒸汽经冷凝后送废水处理站。

### 5. 粗乙炔贮存（乙炔气柜）

在乙炔洗涤塔与乙炔压缩机之间管路的支线上，设置有一个乙炔气柜，用于乙炔提浓工序与后续增压、净化工序之间的缓冲。气柜由钟罩、水槽两部分组成，均由钢板焊接而成，钟罩顶部为圆弧形。顶部设有放空管、放空阀、阻火器，四周置有平衡重锤均匀分布于钟罩边缘，水槽设置了水封装置，正常操作时保持溢流。从气柜水槽溢流出来的溶解有乙炔和其他烃类的水收集入气柜排液罐然后用气柜排液泵送去污水处理站。

### 6. 乙炔增压及净化

从乙炔洗涤塔来的被水饱和的粗乙炔，经增压、净化和干燥，才能用作 VCM 装置的原料。

粗乙炔先用乙炔压缩机压缩，然后送入碱洗塔，用从塔顶流下的 NaOH 溶液洗涤，以除去气体中的二氧化碳。乙炔气体被碱液洗涤的同时被冷却。塔底吸收了乙炔气热量而升温的碱液用碱液循环泵抽出，经循环碱液冷却器用循环冷却水冷却后，送入碱洗塔顶部。从碱液罐来的新鲜碱液经循环碱液泵的吸入管补入碱洗塔，从泵的出口引出一股废碱液送去废水处理站。

从碱洗塔顶出来的乙炔气，经乙炔冷凝器用冷冻盐水冷却，尽可能使气体中的水蒸气冷凝下来。分离了冷凝水的气体，送入 1 级酸洗塔，被从塔顶流下的浓硫酸洗涤，气体中的不饱和烃及少量乙炔通过聚合反应被浓硫酸洗去；气体中的水分也同时被浓硫酸除去。出塔顶的气体引入 2 级酸洗塔，进一步用浓硫酸洗涤。

出 2 级酸洗塔塔顶的气体送去 VCM 装置作为原料。

2 级酸洗塔塔底的硫酸用 2 级循环酸泵抽出，经 2 级循环酸冷却器用循环水冷却，以移除浓硫酸吸收水分后及聚合反应放出的热量，然后送入 2 级酸洗塔顶部。从浓硫酸贮槽来的硫酸经 2 级循环酸泵的吸入管补入酸洗塔系统；从泵的出口引出一股硫酸送入 1 级循环酸泵的吸入口。

出 1 级酸洗塔塔底的硫酸与从 2 级循环酸泵送来的硫酸一起被 1 级循环酸泵输送，经 1 级循环酸冷却器用循环水冷却，以移除浓硫酸吸收水分及聚合反应放出的热量，然后送入 1 级酸洗塔顶部。从 1 级循环酸泵的出口引出一股废硫酸，送去废硫酸贮槽贮存或直接送至酸回收装置。

### 7. 高级炔排出

从高级炔排出系统经高级炔压缩机排出的高级炔气体，为实现气体的远距离输送并进入供热锅炉烧除，用高级炔增压机对排出的高级炔气进行增压，送去供热用作燃料。

### 8. 炭黑分离单元

炭黑水处理系统主要由以下几个部分组成：炭黑废水储存；絮凝剂浓度的配制与加入；炭黑分离；炭黑泥储存与输送；炭黑泥脱水。

部分氧化工段裂解气洗涤塔排出的炭黑水，经炭黑水总管送至炭黑处理工段混合器入口，与来自絮凝剂计量泵的絮凝剂溶液混合后进入混合器，从混合器底部进入顶部排出。炭黑水与絮凝剂在混合器中充分混合后由高效沉降器底部进入高效沉降器。加入絮凝剂后的炭黑水，大部分炭黑微粒聚合成絮状物，在高效沉降器中自下而上流动过程中，絮状炭黑及较大颗粒炭黑被过滤在底部的过滤填料中，经过滤后的炭黑水由高效沉降器顶部排出，送入浓密机。炭黑水经过浓密机顶部中间进入，炭黑废水在浓密机内部经过 3h 左右停留沉降，澄清废水从浓密机顶部溢流至废水管线排入全厂废水沟。侧面及底部沉积的炭黑泥在刮板的作用下全部沉积至浓密机底部，浓密机底部沉积的炭黑泥从底部经污泥螺杆输送泵输送至离心脱水机进行脱水分离，分离液返回至积水坑，再经污水泵输送至混合器进口与炭黑水一同再次进入处理系统。分离后的炭黑泥经螺旋输送机输送至炭黑小车，运送至电厂。

如果高效沉降器过滤效果变差，需要进行正反冲洗时，将炭黑水暂时送入炭黑水储槽进行储存。待高效沉降器正反洗完成后，再将炭黑水切入高效沉降器。炭黑水储槽中的炭黑水用炭黑水输送泵缓慢送入混合器进行处理。

### 9. 火炬系统

乙炔装置内设置的火炬，用于烧除在开、停车或事故情况下可能排放的裂解气、尾气（合成气）、乙炔及高级炔气体。

装置内设有以下 4 个火炬系统：

① 2 个裂解气火炬系统，各包含 1 台裂解气火炬，1 台裂解气泄放分离罐及 1 台裂解气分液罐；

② 1 个尾气火炬系统，包含 1 台尾气火炬，1 台尾气分液罐；

③ 1 个乙炔火炬系统，包含 1 台乙炔火炬，1 台乙炔气分液罐，1 台高级炔阻解器及 1 台乙炔阻解器。该火炬系统除用于烧除乙炔气外，也用于烧除高级炔气。

分液罐和为抑制火雨生成的安全装置，用以保证安装于塔设备顶部的尾气火炬和乙炔火炬不会生成火雨而落入防爆区域内。

### 10. 氮气及碱液供应系统

（1）氮气供应系统

来自界区外的氮气有两种规格：中压氮气及低压氮气。

进入装置的中压氮气依次减压为两种等级，这两种氮气主要为间断性大流量使用。系统内设有一个氮气贮罐，用于贮存氮气。

乙炔装置持续使用低压氮气，正常情况下从界外连续供应。当短时大用量而来自界外的氮气供应不足或中断时，用氮气贮罐贮存的氮气减压补充，以确保系统安全。

（2）碱液供应系统

碱液供应系统主要由碱液罐和碱液输送泵组成。从碱液槽车送来的 NaOH 溶液储存至储槽，经碱液输送泵送入碱液储存罐。配制碱液的脱盐水按比例调节流量后供入浓碱液输送管道，浓碱液与水均匀混合形成溶液送入碱液罐贮存。用泵将罐内的碱液抽出，分别输送至各工艺系统。一股送入乙炔净化系统的循环碱液泵吸入管，补充碱洗塔系统消耗的碱；一股经裂解气冷却系统急冷水泵吸入管进入急冷水循环系统，用于调节急冷水的 pH 值；还有一股向泵的吸入端加入的碱液来调节冷凝水混合液罐内液体的 pH 值，用于抑制聚合物的生成。

### 11. 蒸汽及冷凝水系统

为了控制乙炔装置内被加热的溶剂中聚合物的生成，必须控制加热用低压蒸汽的压力，同时保证蒸汽处于饱和状态，所以设置了蒸汽饱和器。从界外来的低压蒸汽通入蒸汽饱和器，经鼓泡而被水饱和，蒸汽饱和器的压力通过调节输入蒸汽的流量加以控制，从而保证送入装置的低压蒸汽符合要求。

从装置各低压蒸汽用户返回的蒸汽冷凝水，送入除氧器。除氧器中的冷凝水被通入的低压蒸汽加热鼓泡除氧。从除氧器顶部加入一定量脱盐水用于调节除氧器的液位，从设置于上部的一组塔板流下，洗涤冷凝上升的蒸汽以减少冷凝液损失。

用热冷凝水泵将除氧器中的冷凝水抽出，一股送往预洗溶剂加热器加热溶剂，另一股水经冷凝水冷却器用循环冷却水冷却。降温后的冷凝水，部分送入装置内用于气体的洗涤、冷却、水量的补充等，多余部分送至乙炔循环水站。

### 12. 酸碱贮存

本工序设置有 1 个浓硫酸贮槽、1 个废硫酸贮槽及 1 个碱液贮槽。

自酸回收送来的浓硫酸，送入浓硫酸贮槽贮存；用浓硫酸供应泵从浓硫酸贮槽抽出，送往乙炔净化工序循环酸泵入口，以补充乙炔净化操作消耗的浓硫酸。

从乙炔净化工序装置 1 级循环酸泵排出的废硫酸，送入废硫酸贮槽贮存，或者直接通过废酸管道送至酸回收车间。

用槽车运送来的浓碱液，用碱液卸车泵抽送至碱液贮槽贮存；用输送泵从贮槽抽出碱液，送往碱液供应系统碱液罐，以配制乙炔碱洗净化所需碱液溶液。

### 13. 压缩空气系统

（1）工厂公用空气

工厂公用工程向界区内供应空气，过滤除去污物后分配到装置内所有公用工程站。

（2）仪表空气

正常情况下向界区内提供的仪表风，进入各用户前一定要过滤除去杂物，并保证仪表空气中无冷凝液。

仪表空气是一个独立体系，作为仪表和分析仪的供应空气。这个仪表空气已经很干燥，不需要空气干燥器。反应炉点火时，仪表空气可作为导燃点火器的燃烧空气。

### 14. 脱盐水

进入乙炔界区内的脱盐水，通过孔板流量计后，脱盐水分配到全装置，进入公用工程站点和工艺设备中。

脱盐水是把水中大部分离子和溶解性盐脱去后的高度纯净水，呈中性。因缺少铁离子，脱盐水将会夺取与它接触的碳钢或铁中的铁离子，对碳钢和铁有腐蚀作用。在工艺系统中选用不锈钢与纯净脱盐水接触。

脱盐水系统是工艺的一部分，安装在每台设备处，通过与物料混合，或者用来补充液位或用于裂解气压缩机的密封系统中。在碱液储罐用脱盐水把碱稀释后，由碱液泵送到装置内的相关使用设备。裂解气洗涤塔、除氧器及混合冷凝液罐等塔底液位都经过控制向塔底补加脱盐水来维持。另外脱盐水也补加到压缩机的密封水箱中。

### 15. 生产上水

生产上水从界区外送入乙炔装置，用以清洁冲洗管道和设备。

生产上水含盐，因此要限制生产上水进入工艺系统；所有进入工艺的水，大多数情况下应该用脱盐水或冷凝水。生产上水仅用于冲洗与工艺隔离的设备，因为生产上水中的氯离子会腐蚀设备。

生产上水分布于装置公用工程站。主要用来冲洗从反应炉中重力下落进入焦炭收集总管的焦炭，换热器维修前的冲洗，维修前按要求冲洗排污管清堵等。

### 16. 生活水

饮用水从生产水管线引入，经过流量计分配到全车间。

本装置内，生活水用于洗眼器和安全淋浴。无论如何生活水不得与工艺系统连接，以保证工艺物料不进入生活水，确保饮水安全。

天然气制乙炔生产工艺流程简图如图 1-1 所示。

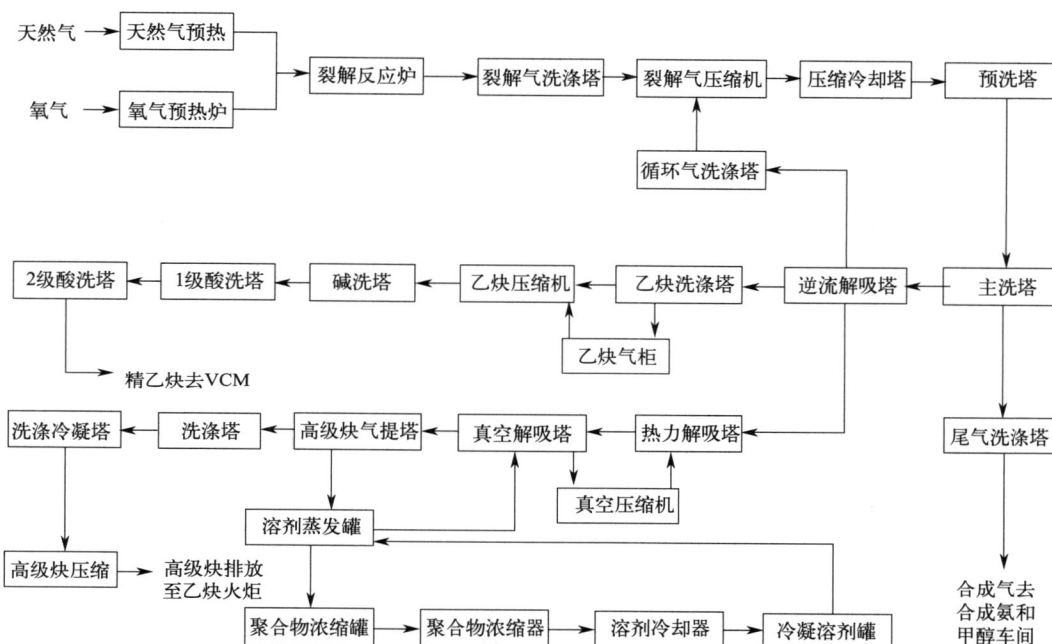

图 1-1　天然气制乙炔生产工艺流程简图

# 第三节　生产运行指标

## 一、原材料指标

### 1. 天然气

温度：$-15\sim40℃$，正常 5℃

压力：$500\sim800kPa(G)$，正常 $500\sim700kPa(G)$

压力波动速率：$\mathrm{d}p/\mathrm{d}t<10kPa/min$

### 2. 氧气

温度：$-15\sim40℃$，正常 5℃

压力：$350\sim670kPa(G)$，正常 $385\sim420kPa(G)$

## 二、辅助材料指标

NMP 溶剂：纯度≥99.5％（质量分数）

絮凝剂：CR-2 阴离子聚丙烯酰胺（成品药品浓度 1.6％）

碱液、浓硫酸

## 三、中间产品、产品、副产品的技术指标

### 1. 粗乙炔（中间产品）

温度：25℃，最高 32℃

压力：76.6kPa（A）

气体在操作状态下被水饱和。

### 2. 精制乙炔（产品）

温度：34℃，最高 40℃

压力：60kPa（G）

### 3. 乙炔尾气（副产品）

温度：15～45℃，正常 30℃

压力：800～950kPa（G），正常 850kPa（G）

### 4. 高级炔气（副产品）

温度：正常 50℃，最高 60℃

压力：100kPa（G）

## 四、原料、辅助材料及公用工程消耗定额

50000t/a 粗乙炔装置消耗定额见表 1-1。

表 1-1　50000t/a 粗乙炔装置消耗定额表

| 名称 | 主要规格 | 单位 | 消耗量 |
|---|---|---|---|
| | | | 年（平均） |
| 原料、燃料、辅助材料 | | | |
| | $CH_4$：99.69％（体积分数） | | |
| 天然气 | 用作原料 | $Nm^3$ | $3.405 \times 10^8$ |
| | 用作燃料 | $Nm^3$ | $1.705 \times 10^7$ |
| | 用作高级炔稀释气 | $Nm^3$ | $6.200 \times 10^6$ |
| 氧气 | $O_2$：99.6％（体积分数），压力 0.4MPa（G） | $Nm^3$ | $2.120 \times 10^8$ |
| NMP 溶剂 | 纯度≥99.5％（质量分数） | kg | $1.000 \times 10^5$ |
| 浓碱液 | 32％NaOH | kg | $1.016 \times 10^6$ |
| 浓硫酸 | 98％$H_2SO_4$ | t | $1.000 \times 10^4$ |
| 絮凝剂 | CR-2 阴离子聚丙烯酰胺 | kg | 4800 |

续表

| 名称 | 主要规格 | 单位 | 消耗量 |
|---|---|---|---|
| | | | 年(平均) |
| 公用工程 | | | |
| 循环水 | 循环上水 0.4MPa(G)<br>循环回水 0.2MPa(G) | $m^3$ | $1.368 \times 10^8$ |
| 工业水 | 0.4MPa(G),常温 | $m^3$ | $8.000 \times 10^4$ |
| 脱盐水 | pH(25℃):6.5～7.0 | $m^3$ | $1.520 \times 10^5$ |
| 0℃冷冻水 | 供应:0.4MPa(G),0℃<br>返回:0.2MPa(G),5℃ | $m^3$ | $3.272 \times 10^5$ |
| 电 | 供电电压:380V 和 10kV | kW·h | $4.880 \times 10^7$ |
| 中压蒸汽 | 3.6MPa(G),420℃ | t | $4.800 \times 10^5$ |
| 低压蒸汽 | 0.6MPa(G),饱和 | t | $1.760 \times 10^5$ |
| 蒸气冷凝水 | 0.4MPa(G),40℃ | t | $5.350 \times 10^5$ |
| 氮气 | 2.5MPa,$N_2 \geqslant 99.99\%$ | $Nm^3$ | $4.000 \times 10^4$ |
| | 0.6MPa,$N_2 \geqslant 99.99\%$ | $Nm^3$ | $8.000 \times 10^6$ |
| 仪表空气 | 0.7MPa | $Nm^3$ | $1.280 \times 10^7$ |
| 工厂空气 | 0.7MPa(G) | $Nm^3$ | $2.250 \times 10^5$ |

# 五、工艺参数

部分氧化工艺参数见表 1-2。

表 1-2　部分氧化工艺参数

| 序号 | 项目 | 单位 |
|---|---|---|
| 1 | 天然气总管压力 | kPa(G) |
| 2 | 氧气界区内总管压力 | kPa(G) |
| 3 | 工艺天然气流量(单台裂解炉) | $Nm^3/h$ |
| 4 | 去裂解炉热天然气温度 | ℃ |
| 5 | 热天然气进预热炉压力 | kPa(G) |
| 6 | 氧气/天然气进料比 | |
| 7 | 工艺氧气流量(单台裂解炉) | $Nm^3/h$ |
| 8 | 去裂解炉热氧气温度 | ℃ |
| 9 | 预热炉烟道温度 | ℃ |
| 10 | 辅氧流量 | $Nm^3/h$ |
| 11 | 烧嘴板冷却水流量 | $m^3/h$ |
| 12 | 单台裂解炉急冷水流量 | $m^3/h$ |
| 13 | 裂解炉扩散道压差 | kPa(G) |

续表

| 序号 | 项目 | 单位 |
|:---:|:---|:---:|
| 14 | 烧嘴板温度 | ℃ |
| 15 | 裂解炉压力 | kPa(G) |
| 16 | 裂解气急冷水冷却器出口急冷水温度 | ℃ |
| 17 | 裂解炉急冷室温度 | ℃ |
| 18 | 裂解气氧含量 | % |
| 19 | 烧嘴板冷却水循环槽液位 | % |
| 20 | 烧嘴板冷却水总流量 | m³/h |
| 21 | 烧嘴板冷却水压送罐液位 | % |
| 22 | 烧嘴板冷却水压送罐压力 | kPa(G) |
| 23 | 烧嘴板冷却水上水温度 | ℃ |
| 24 | 裂解气洗涤塔气出温度 | ℃ |
| 25 | 裂解气洗涤塔中部气出温度 | ℃ |
| 26 | 裂解气洗涤塔气出压力 | kPa(G) |
| 27 | 裂解气洗涤塔液位 | % |
| 28 | 裂解气洗涤塔氧含量 | % |
| 29 | 裂解气总管压力 | kPa(G) |
| 30 | 压缩机入口压力 | MPa(A) |
| 31 | 裂解气压缩机一段出口压力 | kPa(G) |
| 32 | 裂解气压缩机一段出口温度 | ℃ |
| 33 | 裂解气压缩机二段出口压力 | kPa(G) |
| 34 | 裂解气压缩机二段出口温度 | ℃ |
| 35 | 裂解气压缩机喷淋水压力 | kPa(G) |
| 36 | 裂解气压缩机油站压差 | kPa(G) |
| 37 | 裂解气压缩机二段出口差压 | kPa(G) |
| 38 | 裂解气压缩机一段进口差压 | kPa(G) |
| 39 | 裂解气压缩机二段进口差压 | kPa(G) |
| 40 | 裂解气压缩机水站液位 | % |
| 41 | 水站泵出口压力 | kPa(G) |
| 42 | 裂解气压缩机汽轮机排气压力 | MPa(A) |
| 43 | 裂解气压缩机隔离氮气 | kPa(G) |
| 44 | 裂解气压缩机润滑油压 | kPa(G) |
| 45 | 裂解气压缩机控制油压 | kPa(G) |
| 46 | 裂解气压缩机汽轮机轴震动 | μm |
| 47 | 裂解气压缩机齿轮箱震动 | μm |
| 48 | 裂解气压缩机一段震动 | μm |

续表

| 序号 | 项目 | 单位 |
|---|---|---|
| 49 | 裂解气压缩机二段震动 | $\mu m$ |
| 50 | 一段压缩冷却塔液位 | % |
| 51 | 二段压缩冷却塔液位 | % |
| 52 | 一段压缩冷却塔塔顶温度 | ℃ |
| 53 | 二段压缩冷却塔塔顶温度 | ℃ |
| 54 | 一二段冷却水冷却器出口温度 | ℃ |
| 55 | 中压蒸汽压力 | MPa(G) |
| 56 | 一段压缩冷却塔冷却水流量 | $m^3/h$ |
| 57 | 二段压缩冷却塔流量 | $m^3/h$ |
| 58 | 一段压缩冷却塔排至裂解气洗涤塔炭黑水流量 | $m^3/h$ |

提浓工艺参数见表 1-3。

表 1-3　提浓工艺参数

| 序号 | 项目 | 单位 |
|---|---|---|
| 1 | 溶剂储槽液位 | % |
| 2 | 溶剂储槽出口溶剂温度 | ℃ |
| 3 | 进入预洗塔溶剂流量 | $m^3/h$ |
| 4 | 预洗塔溶剂循环流量 | $m^3/h$ |
| 5 | 预洗塔溶剂循环温度 | ℃ |
| 6 | 预洗塔塔底溶剂中水含量 | % |
| 7 | 进入主洗塔溶剂流量 | $m^3/h$ |
| 8 | 主洗塔液位 | % |
| 9 | 尾气洗涤塔液位 | % |
| 10 | 乙炔汽提塔液位 | % |
| 11 | 乙炔汽提塔汽提气流量 | $Nm^3/h$ |
| 12 | 循环气洗涤塔塔顶压力 | kPa(G) |
| 13 | 循环气洗涤塔顶流量 | $Nm^3/h$ |
| 14 | 高压系统压力 | kPa(G) |
| 15 | 乙炔洗涤塔塔顶压力 | kPa(G) |
| 16 | 合成气中乙炔含量 | $10^{-6}$ |
| 17 | 乙炔洗涤塔乙炔中二氧化碳含量 | $10^{-6}$ |
| 18 | 预洗溶剂加热器出口温度 | ℃ |
| 19 | 预洗溶剂加热器出口压力 | kPa(A) |
| 20 | 气柜乙炔液位 | % |

续表

| 序号 | 项目 | 单位 |
|---|---|---|
| 21 | 气柜水封液位 | % |
| 22 | 气柜入口压力 | kPa(G) |
| 23 | 气柜补充脱盐水流量 | kg/h |
| 24 | 乙炔压缩机入口压力 | kPa(G) |
| 25 | 乙炔压缩机出口压力 | kPa(A) |
| 26 | 乙炔压缩机出口温度 | ℃ |
| 27 | 乙炔气分液罐液位 | % |
| 28 | 乙炔冷却器出口温度 | ℃ |
| 29 | 一级酸洗塔液位 | % |
| 30 | 一级酸洗塔循环酸温度 | ℃ |
| 31 | 一级酸洗塔塔釜温度 | ℃ |
| 32 | 一级酸洗塔循环酸流量 | t/h |
| 33 | 碱洗塔循环碱液温度 | ℃ |
| 34 | 碱洗塔液位 | % |
| 35 | 碱洗塔循环碱液流量 | kg/h |
| 36 | 外送乙炔压力 | kPa(G) |
| 37 | 净化废水 pH 值 | |
| 38 | 真空解吸塔塔压上压力 | kPa(A) |
| 39 | 真空解吸塔塔压中压力 | kPa(A) |
| 40 | 真空解吸塔塔压下压力 | kPa(A) |
| 41 | 真空解吸塔液位 | % |
| 42 | 真空解吸塔水含量 | % |
| 43 | 真空解吸塔塔底热溶剂温度 | ℃ |
| 44 | 真空凝液循环冷却器出口温度 | ℃ |
| 45 | 真空凝液循环冷却器出口压力 | kPa(G) |
| 46 | 溶剂换热器冷 NMP 出口压力 | kPa(G) |
| 47 | 溶剂换热器热 NMP 进口压力 | kPa(G) |
| 48 | 溶剂换热器热 NMP 出口压力 | kPa(G) |
| 49 | 溶剂换热器冷 NMP 进口温度 | ℃ |
| 50 | 溶剂换热器热 NMP 进口温度 | ℃ |
| 51 | 溶剂冷却器 NMP 进口压力 | kPa(G) |
| 52 | 溶剂冷却器 NMP 出口压力 | kPa(G) |
| 53 | 真空压缩机入口压力 | kPa(A) |
| 54 | 真空压缩机出口压力 | kPa(G) |
| 55 | 真空压缩机出口温度 | ℃ |

续表

| 序号 | 项目 | 单位 |
|---|---|---|
| 56 | 真空压缩机油站压差 | kPa(G) |
| 57 | 真空压缩机隔离氮气压力 | kPa(G) |
| 58 | 真空压缩机润滑油压 | kPa(G) |
| 59 | 真空压缩机密封氮气压力 | kPa(G) |
| 60 | 高级炔压缩机入口压力 | kPa(A) |
| 61 | 高级炔压缩机出口压力 | kPa(G) |
| 62 | 高级炔压缩机出口温度 | ℃ |
| 63 | 高级炔压缩机油站压差 | kPa(G) |
| 64 | 高级炔压缩机隔离氮气压力 | kPa(G) |
| 65 | 高级炔压缩机润滑油压 | kPa(G) |
| 66 | 真空凝液分离罐液位 | % |
| 67 | 溶剂加热器出口温度 | ℃ |
| 68 | 溶剂混合液罐液位 | % |
| 69 | 溶剂混合液罐 NMP 含量 | % |
| 70 | 高级炔汽提塔气出温度 | ℃ |
| 71 | 冷凝水混合液罐液位 | % |
| 72 | 高级炔汽提塔塔底热溶剂温度 | ℃ |
| 73 | 洗涤冷凝塔塔顶温度 | ℃ |
| 74 | 高级炔洗水冷却器出口压力 | kPa(G) |
| 75 | 冷凝水循环液去洗涤冷却塔流量 | m³/h |
| 76 | 高级炔压缩机入口总管稀释气流量 | m³/h |
| 77 | 洗涤冷却塔高级炔出口温度 | ℃ |
| 78 | 洗涤冷却塔液位 | % |
| 79 | 溶剂蒸发罐液位 | % |
| 80 | 溶剂蒸发器出口温度 | ℃ |
| 81 | 溶剂蒸发罐气出温度 | ℃ |
| 82 | 溶剂蒸发罐气出压力 | kPa(A) |
| 83 | 聚合物浓缩液罐液位 | % |
| 84 | 聚合物浓缩器蒸发压力 | kPa(A) |
| 85 | 聚合物浓缩器搅拌器电流 | A |
| 86 | 溶剂冷凝器温度 | ℃ |
| 87 | 喷射凝液罐罐体温度 | ℃ |
| 88 | 碱液罐液位 | % |
| 89 | NMP 冷却器溶剂出口温度 | ℃ |
| 90 | 氨制冷压缩机油温 | ℃ |

| 序号 | 项目 | 单位 |
|---|---|---|
| 91 | 氨制冷压缩机入口总管压力 | kPa(G) |
| 92 | 氨制冷压缩机入口总管温度 | ℃ |
| 93 | 氨制冷压缩机出压力 | kPa(G) |
| 94 | 氨制冷压缩机出口温度 | ℃ |
| 95 | 氨制冷压缩机电流 | A |
| 96 | 蒸汽饱和器入口压力 | kPa(G) |
| 97 | 蒸汽饱和器顶部温度 | ℃ |
| 98 | 除氧器液位 | % |
| 99 | 除氧器压力 | kPa(G) |
| 100 | 蒸汽饱和器液位 | % |
| 101 | 蒸汽饱和器冷凝液流量 | $m^3/h$ |
| 102 | 蒸汽饱和器冷凝液压力 | MPa(G) |
| 103 | 浓硫酸液位 | % |
| 104 | 碱液储槽液位 | % |
| 105 | 中压氮供应压力 | kPa(G) |
| 106 | 低压氮供应压力 | kPa(G) |
| 107 | 循环水上水温度 | ℃ |
| 108 | 循环水上水压力 | kPa(G) |
| 109 | 脱盐水压力 | kPa(G) |
| 110 | 仪表空气压力 | kPa(G) |
| 111 | 预洗塔液位 | % |
| 112 | 合成气流量 | $Nm^3/h$ |
| 113 | 乙炔洗涤塔塔顶流量 | $Nm^3/h$ |
| 114 | 循环水电导率 | mS/cm |
| 115 | 精乙炔流量 | $Nm^3/h$ |
| 116 | 热 NMP 流量 | $m^3/h$ |
| 117 | 冷凝溶剂罐液位 | % |
| 118 | NMP 冷却器液位 | % |
| 119 | 中压氮流量 | $Nm^3/h$ |
| 120 | 低压氮流量 | $Nm^3/h$ |

分析参数见表 1-4。

表 1-4　分析参数

| 序号 | 取样点 | 频次 | 样品名称 | 组分 | 单位 | 分析方法 |
|---|---|---|---|---|---|---|
| 1 | 天然气过滤器出口 | 7次/周 | 原料天然气 | $CH_4$ | %（体积分数） | 气相色谱法 |
| | | | | $C_2H_6$ | %（体积分数） | |
| | | | | $N_2$ | %（体积分数） | |
| | | | | $CO_2$ | %（体积分数） | |
| | | | | $C_3H_8$ | %（体积分数） | |
| 2 | 氧气 | 3次/周 | 原料氧气 | $O_2$ | %（体积分数） | 气相色谱法 |
| | | | | $N_2$ | %（体积分数） | |
| 3 | 辅料 | 根据需要 | 辅料絮凝剂 | CR-2阴离子聚丙烯酰胺 | %（质量分数） | |
| 4 | 辅料 | 根据需要 | 辅料NMP | N-甲基吡咯烷酮 | %（质量分数） | 卡尔-费休水分测定法 |
| 5 | 辅料 | 根据需要 | 辅料NaOH | NaOH | %（质量分数） | 酸碱滴定法 |
| 6 | 槽车 | 根据需要 | 辅料$H_2SO_4$ | $H_2SO_4$ | %（质量分数） | 电位滴定法 |
| | | | | $H_2O$ | %（质量分数） | 容量法水分测定仪 |
| 7 | 低压氮气 | 1次/周 | 辅料氮气 | $N_2$ | %（体积分数） | 气相色谱法 |
| | | | | $O_2$ | %（体积分数） | |
| 8 | 尾气洗涤塔上部塔板 | 3次/周 | 塔板样 | NMP含量 | mg/L | 气相色谱法 |
| 9 | 循环气洗涤塔上部塔板 | 3次/周 | 塔板样 | NMP含量 | mg/L | 气相色谱法 |
| 10 | 乙炔洗涤塔上部塔板 | 3次/周 | 塔板样 | NMP含量 | mg/L | 气相色谱法 |
| 11 | 高级炔洗涤塔上部塔板 | 3次/周 | 塔板样 | NMP含量 | mg/L | 气相色谱法 |
| 12 | 冷凝水 | 7次/周 | 冷凝液 | NMP含量 | mg/L | 气相色谱法 |
| | | 根据需要 | | 水 | pH | pH计测量法 |
| 13 | 集水坑 | 7次/周 | 提浓段污水 | pH | | pH计 |
| | | | | NMP | mg/L | 气相色谱法 |
| | | | | COD | mg/L | 哈希消解器和3900分光光度计 |
| | | | | 炭黑 | mg/L | 重量分析法 |
| | | | | 悬浮物 | mg/L | 观察法及重量分析法 |
| 14 | 冷凝水混合液管液体出口管线 | 7次/周 | 废水 | pH | | pH计 |
| | | | | NMP | mg/L | 气相色谱仪 |
| 15 | 裂解炉气体出口管线 | 2次/周 | 裂解气 | $CH_4$ | %（体积分数） | 气相色谱法 |
| | | | | $C_2H_2$ | %（体积分数） | |
| | | | | CO | %（体积分数） | |
| | | | | $O_2$ | %（体积分数） | |
| | | | | $H_2$ | %（体积分数） | |

续表

| 序号 | 取样点 | 频次 | 样品名称 | 组分 | 单位 | 分析方法 |
|---|---|---|---|---|---|---|
| 16 | 预洗塔气体出口管线 | 根据需要 | 气体 | $C_2H_2$（乙炔） | %（体积分数） | 气相色谱法 |
| | | | | $C_4H_2$（丁二炔） | $10^{-6}$ | 气相色谱法 |
| | | | | $C_4H_4$（乙烯基乙炔） | %（体积分数） | |
| | | | | $O_2$（氧气） | %（体积分数） | |
| | | | | $H_2$（氢气） | %（体积分数） | |
| | | | | $N_2$（氮气） | %（体积分数） | |
| | | | | CO（一氧化碳） | %（体积分数） | |
| | | | | $CO_2$（二氧化碳） | %（体积分数） | |
| | | | | $CH_4$（甲烷） | %（体积分数） | |
| | | | | $C_2H_4$（乙烯） | %（体积分数） | |
| | | | | $C_2H_6$（乙烷） | $10^{-6}$ | |
| | | | | $C_3H_8$（丙烷） | $10^{-6}$ | |
| | | | | $C_3H_6$（丙烯） | $10^{-6}$ | |
| | | | | $C_3H_4$（丙炔） | %（体积分数） | |
| | | | | $C_3H_4$（丙二烯） | %（体积分数） | |
| 17 | 尾气洗涤塔气体出口管线 | 7次/周 | 合成气 | $H_2$ | %（体积分数） | 气相色谱法 |
| | | | | CO | %（体积分数） | |
| | | | | $CO_2$ | %（体积分数） | |
| | | | | $CH_4$ | %（体积分数） | |
| | | | | $N_2$ | %（体积分数） | |
| | | | | $O_2$ | %（体积分数） | |
| | | | | $C_2H_6$（乙烷） | $10^{-6}$ | |
| | | | | $C_2H_4$（乙烯） | %（体积分数） | |
| | | | | $C_2H_2$（乙炔） | $10^{-6}$ | |
| 18 | 乙炔洗涤塔气体出口管线 | 3次/周 | 粗乙炔 | $C_2H_2$（乙炔） | %（体积分数） | 气相色谱法 |
| | | | | $O_2$（氧气） | %（体积分数） | |
| | | | | $N_2$（氮气） | %（体积分数） | |
| | | | | $CO_2$（二氧化碳） | %（体积分数） | |
| | | | | $C_4H_4$（乙烯基乙炔） | $10^{-6}$ | |
| | | | | $C_4H_6$（1,3-丁二烯） | $10^{-6}$ | |
| | | | | $C_4H_2$（丁二炔） | $10^{-6}$ | |

续表

| 序号 | 取样点 | 频次 | 样品名称 | 组分 | 单位 | 分析方法 |
|---|---|---|---|---|---|---|
| 19 | 浓硫酸储槽气体出口管线 | 7 次/周 | 产品乙炔 | $C_2H_2$（乙炔） | %（体积分数） | 气相色谱法 |
| | | | | $CO_2$（二氧化碳） | %（体积分数） | |
| | | | | $N_2$（氮气） | %（体积分数） | |
| | | | | $O_2$（氧气） | %（体积分数） | |
| | | | | $C_4H_4$（乙烯基乙炔） | $10^{-6}$ | |
| 20 | 高级炔洗涤塔气体出口管线 | 7 次/周 | 高级炔气 | $C_2H_2$（乙炔） | %（体积分数） | 气相色谱法 |
| | | | | $C_4H_2$（丁二炔） | %（体积分数） | |
| | | | | $C_4H_4$（乙烯基乙炔） | %（体积分数） | |
| | | | | $O_2$（氧气） | %（体积分数） | |
| | | | | $H_2$（氢气） | %（体积分数） | |
| | | | | $N_2$（氮气） | %（体积分数） | |
| | | | | $CO$（一氧化碳） | %（体积分数） | |
| | | | | $CO_2$（二氧化碳） | %（体积分数） | |
| | | | | $CH_4$（甲烷） | %（体积分数） | |
| | | | | $C_2H_4$（乙烯） | %（体积分数） | |
| | | | | $C_2H_6$（乙烷） | %（体积分数） | |
| | | | | $C_3H_8$（丙烷） | %（体积分数） | |
| | | | | $C_4H_6$（1,3-丁二烯） | %（体积分数） | |
| | | | | HC（其他烃类） | %（体积分数） | |
| 21 | 溶剂混合液罐液体出口管线 | 3 次/周 | 液样 | NMP 含量 | %（质量分数） | 折射率测定法 |
| 22 | 冷凝溶剂罐液体进口 | 根据需要 | 溢流液 | NMP 含量 | %（质量分数） | 折射率测定法 |
| 23 | 喷射凝液罐液体出口管线 | 根据需要 | 废水 | NMP 含量 | $10^{-6}$ | 气相色谱法 |
| 24 | 溶剂储槽液体 | 根据需要 | NMP 吸收剂 | 水含量 | % | 卡尔-费休水分测定法 |
| 25 | 预洗塔液体出口管线 | 根据需要 | 液出水含量 | 水含量 | % | 折光率测定法 |
| 26 | 真空解吸塔液体出口管线 | 7 次/周 | NMP 吸收剂 | 水含量 | % | 卡尔-费休水分测定法 |
| 27 | 一级酸洗塔液体出口管线 | 7 次/周 | 废酸样 | $H_2SO_4$ 浓度 | %（质量分数） | 电位滴定法 |
| | | | | $H_2O$ | %（质量分数） | |
| | | | | 聚合物 | %（质量分数） | |
| 28 | 高级炔汽提塔液体出口管线 | 根据需要 | 液出水含量 | 水含量 | % | 卡尔-费休水分测定法 |
| 29 | 真空解吸塔液体出口管线 | 根据需要 | NMP（水、烃、NMP） | 乙炔和高级炔 | | 比色法 |

| 序号 | 取样点 | 频次 | 样品名称 | 组分 | 单位 | 分析方法 |
|---|---|---|---|---|---|---|
| 30 | 高级炔汽提塔液体出口管线 | 根据需要 | | NMP（水、烃、NMP） | 乙炔和高级炔 | 比色法 |
| 31 | 溶剂蒸发罐液体出口管线 | 3次/周 | NMP | 黏度 | cP | 黏度计 |
| | | | | 聚合物 | %（质量分数） | 重量分析法 |
| | | 根据需要 | | NMP（NMP、水） | pH | pH计测量法 |
| 32 | 急冷水裂解气急冷水泵出口 | 7次/周 | 急冷水 | pH | | pH计测量法 |
| | | 2次/周 | | 炭黑含量 | %（质量分数） | 重量分析法 |
| 33 | 一段冷却水增压泵出口 | 2次/周 | 压缩工艺水 | 炭黑含量 | %（质量分数） | 重量分析法 |
| 34 | 碱液罐液体出口管线 | 根据需要 | 液碱 | 氢氧化钠含量 | %（质量分数） | 酸碱滴定法 |
| 35 | 碱洗塔液体出口管线 | 7次/周 | 碱液 | NaOH浓度 | %（质量分数） | 混合碱滴定法 |
| | | | | $Na_2CO_3$浓度 | %（质量分数） | 混合碱滴定法 |
| | | | | $NaHCO_3$浓度 | %（质量分数） | 混合碱滴定法 |
| 36 | 一段压缩冷却塔气体出口管线 | 根据需要 | 裂解气 | 裂解气（乙炔、高级炔、水、一氧化碳、二氧化碳、氮气、氧气、甲烷、炭黑） | | 气相色谱法 |
| 37 | 二段压缩冷却塔气体出口管线 | 根据需要 | 裂解气 | 裂解气（乙炔、高级炔、水、一氧化碳、二氧化碳、氮气、氧气、甲烷、炭黑） | | 气相色谱法 |
| 38 | 预洗塔上部塔板 | 根据需要 | 塔板样 | NMP（NMP、水、高级炔、乙炔、一氧化碳、二氧化碳、氧气） | | 气相色谱法 |
| 39 | 尾气洗涤塔液体出口管线 | 根据需要 | 液出 | 水（一氧化碳、二氧化碳、水） | | 气相色谱法 |
| 40 | 乙炔汽提塔塔顶出口气体管线 | 根据需要 | 气出 | 乙炔（乙炔、高级炔、水、一氧化碳、二氧化碳、氢气） | | 气相色谱法 |
| 41 | 循环气洗涤塔塔顶气体出口管线 | 根据需要 | 循环气 | 循环气（氢气、一氧化碳、二氧化碳、乙炔、水） | | 气相色谱法 |
| 42 | 逆流解吸塔塔顶气体出口管线 | 根据需要 | 汽提气 | 汽提气（氢气、一氧化碳、二氧化碳、乙炔、高级炔） | | 气相色谱法 |

续表

| 序号 | 取样点 | 频次 | 样品名称 | 组分 | 单位 | 分析方法 |
|---|---|---|---|---|---|---|
| 43 | 热力解吸塔气出口管道 | 2次/周 | T370气提气 | $C_2H_2$(乙炔) | %(体积分数) | 气相色谱法 |
| | | | | $O_2$(氧气) | %(体积分数) | |
| | | | | $N_2$(氮气) | %(体积分数) | |
| | | | | $CO_2$(二氧化碳) | %(体积分数) | |
| | | | | $C_4H_4$(乙烯基乙炔) | %(体积分数) | |
| | | | | $C_4H_2$(丁二炔) | %(体积分数) | |
| | | | | $C_4H_6$(1,3-丁二烯) | $10^{-6}$ | |
| 44 | 碱洗塔塔顶气体出口管线 | 根据需要 | 乙炔气 | 乙炔(乙炔、高级炔、氢氧化钠、水) | | 气相色谱法 |
| 45 | 喷射凝液罐液体进口管线 | 根据需要 | NMP含量 | | $10^{-6}$ | 气相色谱法 |
| 46 | 炭黑水处理 | 7次/周 | 废水 | pH | | pH计 |
| | | | | COD | mg/L | 哈希消解器和3900分光光度计 |
| | | | | 炭黑 | mg/L | 重量分析法 |
| | | | | 悬浮物 | mg/L | 观察法及重量分析法 |
| 47 | 裂解气压缩机油泵出口 | 1次/月 | 润滑油 | $H_2O$ | %(质量分数) | 库仑水分测定法 |
| | | | | 机械杂质 | %(质量分数) | 重量分析法 |
| 48 | 真空压缩机油泵出口 | 1次/月 | 润滑油 | $H_2O$ | %(质量分数) | 库仑水分测定法 |
| | | | | 机械杂质 | %(质量分数) | 重量分析法 |
| 49 | 高级炔压缩机油泵出口 | 1次/月 | 润滑油 | $H_2O$ | %(质量分数) | 库仑水分测定法 |
| | | | | 机械杂质 | %(质量分数) | 重量分析法 |

环保参数见表1-5。

表1-5　环保参数

| 序号 | 种类 | 三废排放部位 | 三废名称 | 污染物组成 | 排放规律 | 排放去向 |
|---|---|---|---|---|---|---|
| 1 | 废气 | 天然气预热炉烟道 | 烟气 | $SO_2$　0.48mg/$m^3$<br>CO　0.005%(体积分数)<br>$CO_2$　6.18%(体积分数) | 连续 | 经35m烟囱排大气 |
| 2 | | 氧气预热炉烟道 | 烟气 | $SO_2$　0.4mg/$m^3$<br>CO　0.005%(体积分数)<br>$CO_2$　5.08%(体积分数) | 连续 | 经35m烟囱排大气 |
| 3 | | 高级炔火炬 | 燃烧废气 | $NO_x$　207mg/$m^3$<br>CO　0.14%(体积分数)<br>$CO_2$　6.03%(体积分数) | 开停车 | 经60m烟囱排大气 |
| 4 | | 裂化气火炬 | 燃烧废气 | $SO_2$　0.84mg/$Nm^3$<br>CO　0.2%(体积分数)<br>$CO_2$　12.68%(体积分数) | 开停车 | 经45m烟囱排大气 |

续表

| 序号 | 种类 | 三废排放部位 | 三废名称 | 污染物组成 | 排放规律 | 排放去向 |
|---|---|---|---|---|---|---|
| 5 | 废气 | 尾气火炬 | 燃烧废气 | $NO_x$ 199mg/m³<br>CO 0.2%（体积分数）<br>$CO_2$ 12.17%（体积分数） | 开停车 | 经>50m烟囱排大气 |
| 6 | | 炭黑浓密机 | 炭黑废水 | pH 8<br>COD 550mg/L<br>DOC 250mg/L<br>含炭黑、醋酸盐、$Na^+$ | 连续 | 经脱气、分离处理后至全厂污水场 |
| 7 | | 裂解炉清焦分离废水 | 清焦分离废水 | COD 22mg/L<br>DOC 10mg/L<br>含炭黑、醋酸盐、$Na^+$ | 间断 | 至全厂污水场 |
| 8 | | 各水封、清洗等排水 | 各水封、清洗等排水 | 微量乙炔、高级炔等 | 间断 | 至全厂污水场 |
| 9 | 废液 | 高级炔洗涤塔 | 高级炔排出系统废水 | pH 4～11<br>COD 1100mg/L<br>DOC 300mg/L<br>含醋酸盐、NMP、苯、二甲苯、萘、$Na^+$ | 间断 | 至全厂污水场 |
| 10 | | 聚合物浓缩器排出废水 | 聚合物浓缩器排出废水 | pH 4～11<br>COD 550g/L<br>DOC 60g/kg<br>含NMP、$Na^+$ | 间断 | 至全厂污水场 |
| 11 | | 蒸汽喷射冷凝水 | 蒸汽喷射冷凝水 | 含微量NMP | 间断 | 至全厂污水场 |
| 12 | | 碱洗塔排出 | 废碱液 | pH 13～14<br>COD 7g/L<br>DOC 2.5g/kg<br>含$OH^-$、硫酸盐、亚硫酸盐、碳酸盐、$Na^+$ | 连续 | 至全厂污水场 |
| 13 | | 乙炔冷凝器冷凝水 | 冷凝水 | 微量乙炔 | 连续 | 至全厂污水场 |
| 14 | | 裂解炉排出焦炭 | 裂解炉排出焦炭 | 焦炭/炭黑 15%<br>$H_2O$ 85% | 间断 | 送热电厂作燃料 |
| 15 | 废固 | 炭黑离心脱水机 | 炭黑 | 炭黑 25%<br>$H_2O$ 75% | 间断 | 送热电厂作燃料 |
| 16 | | 聚合物浓缩器 | 聚合物浆 | 聚合物 25%<br>NMP 5%<br>$H_2O$ 74.14% | 间断 | 送热电厂作燃料 |

动静设备一览表见表1-6。

表 1-6　动静设备一览表

| 序号 | 设备名称 | 技术规格 | 扬程(m)/功率(kW) | 材料 | 数量 | 重量/kg | | 备注 | 厂家 |
| --- | --- | --- | --- | --- | --- | --- | --- | --- | --- |
| | | | | | | 单 | 总 | | |
| 1 | 燃烧室冷却泵 | Q=136m³/h | 84/55 | CS | 2 | 760 | 1520 | | 大连深蓝 |
| 2 | 裂解气急冷水泵 | Q=1830m³/h | 60/400 | SS | 4 | 7300 | 29200 | | 大连深蓝 |
| 3 | 1段冷却水增压泵 | Q=255m³/h | 133/160 | CS | 4 | 1618 | 6472 | | 大连深蓝 |
| 4 | 溶剂泵 | Q=275m³/h | 179/250 | CS | 3 | 5500 | 16500 | | 大连深蓝 |
| 5 | 预洗液循环泵 | Q=265m³/h | 41/55 | CS | 2 | 1260 | 2520 | | 大连深蓝 |
| 6 | 逆流解吸液泵 | Q=565m³/h | 88/200 | CS | 2 | 2750 | 5500 | | 大连深蓝 |
| 7 | 气柜排液泵 | Q=7m³/h | 36/3 | CS | 1 | 150 | 150 | | 大连深蓝 |
| 8 | 再生溶剂泵 | Q=565m³/h | 91/200 | CS | 2 | 3100 | 6200 | | 大连深蓝 |
| 9 | 真空凝液泵 | Q=23m³/h | 68/15 | CS | 2 | 390 | 780 | | 大连深蓝 |
| 10 | 溶剂混合液泵 | Q=13m³/h | 110/22 | CS | 2 | 570 | 1140 | | 大连深蓝 |
| 11 | 高级炔汽提液泵 | Q=340m³/h | 43/75 | CS | 2 | 1210 | 2420 | | 大连深蓝 |
| 12 | 冷凝水混合液泵 | Q=350m³/h | 68/110 | CS/SS | 2 | 860 | 1720 | | 大连深蓝 |
| 13 | 冷凝水混合泵 | Q=17m³/h | 53/7.5 | CS | 2 | 200 | 400 | | 大连深蓝 |
| 14 | 溶剂蒸发循环泵 | Q=1160m³/h | 50/220 | CS/SS | 2 | 6900 | 13800 | | 大连深蓝 |
| 15 | 溶剂输送泵 | Q=25m³/h | 28/5.5 | CS | 2 | 200 | 400 | | 大连深蓝 |
| 16 | 溶剂返回泵 | Q=4.5m³/h | 55/5.5 | CS | 1 | 270 | 270 | | 大连深蓝 |
| 17 | 溶剂返回泵 | Q=4.5m³/h | 55/5.5 | CS | 1 | 270 | 270 | | 大连深蓝 |
| 18 | 废液泵 | Q=7m³/h | 51/5.5 | CS | 2 | 190 | 380 | | 大连深蓝 |
| 19 | 地槽溶剂泵 | Q=28m³/h | 40/15 | CS | 1 | 400 | 400 | | 大连深蓝 |
| 20 | 循环碱液泵 | Q=200m³/h | 44/45 | CS | 2 | 710 | 1420 | | 大连深蓝 |

续表

| 序号 | 设备名称 | 技术规格 | 扬程(m)/功率(kW) | 材料 | 数量 | 重量/kg 单 | 重量/kg 总 | 备注 | 厂家 |
|---|---|---|---|---|---|---|---|---|---|
| 21 | 碱液输送泵 | Q=5.7m³/h | 24/3 | CS | 2 | 150 | 300 | | 大连深蓝 |
| 22 | 冷凝水泵 | Q=62m³/h | 144/75 | CS | 2 | 620 | 1240 | | 大连深蓝 |
| 23 | 32%NaOH输送泵 | Q=18m³/h | 38/7.5 | 316SS | 1 | 210 | 210 | | 大连深蓝 |
| 24 | 废硫酸装车泵 | Q=20m³/h | 19/15 | CS/氟塑料 | 1 | 290 | 290 | | 大连深蓝 |
| 25 | 碱液卸车泵 | Q=15m³/h | 15/7.5 | 304SS | 1 | 220 | 220 | | 大连深蓝 |
| 26 | 凝液泵 | Q=2.4m³/h | 54/4 | CS | 1 | 250 | 250 | | 大连深蓝 |
| 27 | 浓硫酸供应泵 | Q=879L/h | 60/0.55 | 316SS | 2 | 67 | 134 | | 法国米顿罗 |
| 28 | 一级循环酸泵 | Q=105m³/h | 45/45 | ETFE | 3 | 756 | 2268 | | 美国汉胜 |
| 29 | 二级循环酸泵 | Q=135m³/h | 43/45 | ETFE | 3 | 756 | 2268 | | 美国汉胜 |
| 30 | 喷淋泵 | Q=13.8m³/h | 36/5.5 | CS | 2 | 200 | 400 | | 大连深蓝 |
| 31 | 废液输送泵 | Q=3.6m³/h | 25/5.5 | CS | 1 | 280 | 280 | | 大连深蓝 |
| 32 | 炭黑水输送泵 | Q=35m³/h | 68/22 | CS | 1 | 480 | 480 | | 大连拜耳 |
| 33 | 裂解气压缩机 | Q=59086m³/h | 3086kW | G-X4CrNi134 | 2 | 78140 | 156280 | | 德国MAN |
| 34 | 高级块压缩机 | Q=8532m³/h | 350kW | 410SS | 2 | 27000 | 54000 | | 德国MAN |
| 35 | 真空压缩机 | Q=18212m³/h | 580kW | G-X4CrNi134 | 2 | 32700 | 65400 | | 德国MAN |
| 36 | 乙炔压缩机 | Q=5600m³/h | 200kW | CS/SS304 | 3 | 5000 | 15000 | | 淄博水环 |
| 37 | 高级块增压机 | Q=1920m³/h | 90kW | CS/SS304 | 2 | 4500 | 9000 | | 淄博水环 |
| 38 | 氨制冷机 | Q=2831m³/h | 630kW | CS | 2 | 11200 | 22400 | | 武汉新世界 |
| 39 | 天然气预热炉风机 | Q=6230m³/h | 5.5kW | CS | 6 | 710 | 4260 | | 上海鼓风机厂 |
| 40 | 氧气预热炉风机 | Q=2000m³/h | 3kW | CS | 6 | 300 | 1800 | | 上海鼓风机厂 |

续表

| 序号 | 设备名称 | 技术规格 | 扬程(m)/功率(kW) | 材料 | 数量 | 重量/kg 单 | 重量/kg 总 | 备注 | 厂家 |
|---|---|---|---|---|---|---|---|---|---|
| 41 | 起重机 | LHB20-7.5 | 7.5m | CS | 2 | 9700 | 19400 | | 河南黄河 |
| 42 | 絮凝剂计量泵 | Q=500L/h | 5m | CS | 2 | 30 | 60 | | 西安信实 |
| 43 | 脱水机计量泵 | Q=500L/h | 5m | CS | 1 | 30 | 30 | | 西安信实 |
| 序号 | 设备名称 | 技术规格 | 图号 | 材料 | 数量 | 重量(单)/kg | 重量(总)/kg | 备注 | 厂家 |
| 44 | 燃烧室冷却水循环槽 | Φ2200×7570 | XN-2643 | 16MnR | 1 | 4665 | 4665 | | 扬州晨光 |
| 45 | 燃烧室冷却水压送罐 | Φ2200×7580 | XN-2644 | 16MnR | 1 | 5900 | 5900 | | 扬州晨光 |
| 46 | 氮气贮罐 | Φ4000×13220 | XN13-0399 | 16MnDR | 1 | 60870 | 60870 | | 扬州晨光 |
| 47 | 安全气封 | Φ1100×2404 | XN13-0388 | 16MnDR | 1 | 1515 | 1515 | | 兰州通用 |
| 48 | 尾气分液罐 | Φ600×1708 | XN-2646 | 0Cr18Ni9 | 1 | 325 | 325 | | 扬州晨光 |
| 49 | 气柜排液槽 | Φ1000×4412 | XN12-2648 | 16MnR | 1 | 1010 | 1010 | | 扬州晨光 |
| 50 | 凝液收集灌 | Φ1000×1900 | XN13-0392 | 16MnR | 1 | 895 | 895 | | 扬州晨光 |
| 51 | 溶剂蒸发器 | Φ2600×8920 | XN12-2654 | 0Cr18Ni9 | 1 | 11700 | 11700 | | 扬州晨光 |
| 52 | 聚合物浓缩液罐 | Φ1600×8630 | XN15-1039 | 0Cr18Ni9 | 1 | 4335 | 4335 | | 扬州晨光 |
| 53 | 喷射凝液罐 | Φ1600×3922 | XN12-2658 | Q235-B | 1 | 2380 | 2380 | | 扬州晨光 |
| 54 | 蒸气饱和器 | Φ2800×6390 | XN12-2661 | 16MnR | 1 | 13140 | 13140 | | 扬州晨光 |
| 55 | 裂解气泄放分离罐 | Φ2300×6580 | XN12-2645 | 16MnR | 2 | 5710 | 11420 | | 扬州晨光 |
| 56 | 乙炔安全液封罐 | Φ1200×8250 | XN12-2647 | 16MnR | 1 | 4160 | 4160 | | 扬州晨光 |
| 57 | 乙炔阻解器 | Φ1800×4482 | XN13-0389 | 16MnR | 1 | 10400 | 10400 | | 扬州晨光 |
| 58 | 乙炔阻解器 | Φ1800×4482 | XN13-0391 | 16MnR | 1 | 12155 | 12155 | | 扬州晨光 |
| 59 | 真空液分离罐 | Φ1700×5141 | XN12-2649 | 16MnR | 1 | 3920 | 3920 | | 扬州晨光 |
| 60 | 安全液封罐 | Φ1200×9400 | XN12-2650 | 16MnR | 1 | 4545 | 4545 | | 扬州晨光 |
| 61 | 冷凝水混合液罐 | Φ2800×5627 | XN12-2652 | 16MnR | 1 | 9905 | 9905 | | 扬州晨光 |

续表

| 序号 | 设备名称 | 技术规格 | 图号 | 材料 | 数量 | 重量（单）/kg | 重量（总）/kg | 备注 | 厂家 |
|---|---|---|---|---|---|---|---|---|---|
| 62 | 高级炔阻解器 | Φ500×4753 | XN13-0393 | 16MnR | 1 | 1415 | 1415 | | 扬州晨光 |
| 63 | 高级炔阻解器 | Φ500×4617 | XN13-0394 | 16MnR | 1 | 990 | 990 | | 扬州晨光 |
| 64 | 乙炔阻解器 | Φ1800×4482 | XN13-0395 | 16MnR | 1 | 10544 | 10544 | | 扬州晨光 |
| 65 | 计量罐 | Φ1600×4236 | XN12-2655 | 16MnR | 1 | 2100 | 2100 | | 扬州晨光 |
| 66 | 聚合物浓缩器 | Φ2000×2958 | XN12-2656 | 16MnR | 3 | 4000 | 12000 | | 扬州晨光 |
| 67 | 冷凝溶剂罐（Drum） | Φ1600×3918 | XN12-2657 | 16MnR | 1 | 1900 | 1900 | | 扬州晨光 |
| 68 | 乙炔阻解器 | Φ1800×4482 | XN13-0396 | 16MnR | 1 | 12615 | 12615 | | 扬州晨光 |
| 69 | 乙炔阻解器 | Φ1800×4482 | XN13-0397 | 16MnR | 1 | 10961 | 10961 | | 扬州晨光 |
| 70 | 乙炔安全液封罐 | Φ1200×11400 | XN12-2660 | 16MnR | 1 | 5800 | 5800 | | 扬州晨光 |
| 71 | 乙炔阻解器 | Φ1800×4482 | XN13-0398 | 16MnR | 1 | 12667 | 12667 | | 扬州晨光 |
| 72 | 除氧器 | Φ2500×9200 | XN12-2662 | 16MnR | 1 | 7150 | 7150 | | 扬州晨光 |
| 73 | 高级炔安全液封罐 | Φ1300×10084 | XN12-2653 | 16MnR | 1 | 5550 | 5550 | | 扬州晨光 |
| 74 | 溶剂贮槽 | Φ6130×7600 | XN11-0861 | Q235-B | 1 | 15315 | 15315 | | 扬州晨光 |
| 75 | 溶剂混合液罐 | Φ4000×16×7512 | XN12-2651 | 16MnR | 1 | 16645 | 16645 | | 扬州晨光 |
| 76 | 25%碱液罐 | Φ3400×6×4998 | XN11-0862 | CS | 1 | 5000 | 5000 | | 扬州晨光 |
| 77 | 溶剂收集槽 | Φ3200×10×6824 | XN12-2659 | 16MnR | 1 | 8466 | 8466 | | 扬州晨光 |
| 78 | 溶剂储槽 292.5 m³ | Φ7000×7600 | XN11-1045 | Q235-B | 1 | 15315 | 15315 | | 中化七建 |
| 79 | 溶剂储槽 597m³ | Φ10000×7600 | XN11-1046 | Q235-B | 1 | 15315 | 15315 | | 中化七建 |
| 80 | 天然气过滤器 | Φ1400×1500 | MKR09-01 | SS | 2 | 2274 | 4548 | | 四川麦克 |
| 81 | 氮气过滤器 | Φ250×1500 | MKR09-03 | SS | 1 | 150 | 150 | | 四川麦克 |
| 82 | 氮气过滤器 | Φ250×1500 | MKR09-02 | SS | 1 | 150 | 150 | | 四川麦克 |
| 83 | 氧气过滤器 | Φ1100×1500 | MKR09-03 | SS | 2 | 1915 | 3830 | | 四川麦克 |

续表

| 序号 | 设备名称 | 技术规格 | 图号 | 材料 | 数量 | 重量（单）/kg | 重量（总）/kg | 备注 | 厂家 |
|---|---|---|---|---|---|---|---|---|---|
| 84 | 炭黑水贮槽 | Φ5000×6×7450 | XN10-4108 | CS | 1 | 10415 | 10415 | | 成都净泉 |
| 85 | 裂解炉 | Φ1600/812×17905 | 224006 | 16MnR | 6 | 15000 | 90000 | | 德国 BASF |
| 86 | 天然气预热炉 | Φ2942×10700 | YXF-064A-Y10 | Q235-B | 6 | 87380 | 524280 | | 江苏焱鑫 |
| 87 | 氧气预热炉 | Φ2162×8600 | YXF-065A-Y10 | Q235-B | 6 | 40440 | 242640 | | 江苏焱鑫 |
| 88 | 高级块洗涤塔 | Φ2300×10×9670 | XN30-0342 | 16MnR | 1 | 13600 | 13600 | | 江苏焱鑫 |
| 89 | 热力解吸塔 | Φ2600×14×13200 | XN30-0340 | 16MnR | 1 | 20098 | 20098 | | 江苏焱鑫 |
| 90 | 高级块汽提塔 | Φ2000×12×13200 | XN30-0341 | 16MnR | 1 | 10825 | 10825 | | 江苏焱鑫 |
| 91 | 循环气洗涤塔 | Φ1100×10×7620 | XN30-0338 | 16MnR | 1 | 3125 | 3125 | | 江苏焱鑫 |
| 92 | 乙炔洗涤塔 | Φ1600×12×10064 | XN30-0339 | 16MnR | 1 | 8260 | 8260 | | 江苏焱鑫 |
| 93 | 主洗塔 | Φ280036×52000 | XN31-0926 | 16MnR | 1 | 86050 | 86050 | | 江苏焱鑫 |
| 94 | 尾气洗涤塔 | Φ2800×(14+3)×11067 | XN30-0337 | 16MnR | 1 | 13290 | 13290 | | 江苏焱鑫 |
| 95 | 裂解气洗涤塔 | Φ4200×50×39840 | XN30-0336 | 16MnR | 2 | 148790 | 297580 | | 江苏焱鑫 |
| 96 | 碱洗塔 | Φ2800×22×32960 | XN31-0931 | 16MnR | 1 | 143735 | 143735 | | 江苏焱鑫 |
| 97 | 洗涤冷却塔 | Φ800×10×10494 | XN30-0343 | 16MnR | 2 | 3626 | 7252 | | 江苏焱鑫 |
| 98 | 洗涤冷凝塔 | Φ2600×14×14770 | XN31-0930 | 16MnR | 1 | 30405 | 30405 | | 江苏焱鑫 |
| 99 | 真空解吸塔 | Φ2600×14×38275 | XN31-0929 | 16MnR | 1 | 74104 | 74104 | | 江苏焱鑫 |
| 100 | 乙炔汽提塔 | Φ900×10/×16793 | XN31-0927 | 16MnR | 1 | 6130 | 6130 | | 江苏焱鑫 |
| 101 | 逆流解吸塔 | Φ2500×12×51550 | XN31-0928 | 16MnR | 1 | 50150 | 50150 | | 江苏焱鑫 |
| 102 | 1段压缩冷却塔 | Φ2200×12×15785 | XN31-0923 | 0Cr18Ni9 | 2 | 17935 | 35870 | | 江苏焱鑫 |
| 103 | 2段压缩冷却塔 | Φ2200×12×16375 | XN31-0924 | 0Cr18Ni9 | 2 | 15425 | 30850 | | 江苏焱鑫 |
| 104 | 预洗塔 | Φ2500×12×36675 | XN31-0925 | 16MnR | 1 | 39800 | 39800 | | 江苏焱鑫 |
| 105 | 1段酸洗塔 | Φ3000×35241 | XN37-0255 | 16MnR＋橡胶衬里＋耐酸瓷砖衬里 | 1 | 235704 | 235704 | | 河南科隆 |

续表

| 序号 | 设备名称 | 技术规格 | 图号 | 材料 | 数量 | 重量（单）/kg | 重量（总）/kg | 备注 | 厂家 |
|---|---|---|---|---|---|---|---|---|---|
| 106 | 2段酸洗塔 | $\Phi3800\times38338$ | XN37-0256 | 16MnR+橡胶衬里+耐酸瓷砖衬里 | 1 | 270000 | 270000 | | 河南科隆 |
| 107 | 裂解气火柜 | $\Phi2500\times18\times8286$ | XN13-0400 | 16MnR | 2 | 910 | 1820 | | 江苏焱鑫 |
| 108 | 合成气火柜 | $\Phi2500\times18\times9125$ | XN13-0401 | 16MnR | 1 | 1035 | 1035 | | 江苏焱鑫 |
| 109 | 乙炔气火柜 | $\Phi1800\times12\times5800$ | XN13-0402 | 16MnR | 1 | 360 | 360 | | 江苏焱鑫 |
| 110 | 酸雾过滤器 | $\Phi626\times3083$ | 203F601 | 16MnR | 3 | 3930 | 11790 | | 北三化 |
| 111 | 冷凝液分离罐 | $\Phi1800\times4482$ | XN10-4101 | 16MnR | 1 | 2165 | 2165 | | 扬州晨光 |
| 112 | 乙炔阻解器 | $\Phi1800\times18\times6118$ | XN13-0390 | 16MnR | 1 | 12680 | 12680 | | 扬州晨光 |
| 113 | 乙炔喷淋罐 | $\Phi1000\times12\times6485$ | XN13-0443 | 16MnR | 1 | 1873 | 1873 | | 扬州晨光 |
| 114 | 浓硫酸贮槽 | $\Phi7000\times10\times9000$ | XN10-4102 | CS | 1 | 25620 | 25620 | | 扬州晨光 |
| 115 | 废硫酸贮槽 | $\Phi7000\times12\times9000$ | XN10-4103 | CS | 1 | 26410 | 26410 | | 扬州晨光 |
| 116 | 32%NaOH贮槽 | $\Phi5600\times6\times7612$ | XN10-4104 | SS | 1 | 10405 | 10405 | | 扬州晨光 |
| 117 | 高级块阻解器 | $\Phi500\times8\times4745$ | XN10-4106 | 16MnR | 1 | 1194 | 1194 | | 扬州晨光 |
| 118 | 高级块阻解器 | $\Phi500\times8\times4745$ | XN10-4107 | 16MnR | 1 | 1194 | 1194 | | 扬州晨光 |
| 119 | 乙炔气气柜 | $\Phi21030\times12\times18760$ | XN11-0863 | CS | 1 | 221600 | 221600 | | 扬州晨光 |
| 120 | 裂解气急冷水冷却器 | $\Phi1400\times16\times6517$ | XN20-3215 | 16MnR | 4 | 17395 | 69580 | | 西安北方热力 |
| 121 | 预洗塔冷却器 | $\Phi800\times12\times4265$ | XN20-3216 | 16MnR | 2 | 4540 | 9080 | | 西安北方热力 |
| 122 | 真空解吸气冷凝器 | $\Phi1100\times12\times7105$ | XN20-3219 | 16MnR | 1 | 12630 | 12630 | | 西安北方热力 |
| 123 | 真空解吸气冷凝器 | $\Phi1100\times12\times7105$ | XN20-3220 | 16MnR | 1 | 8055 | 8055 | | 西安北方热力 |
| 124 | 稀释气加热器 | $\Phi159\times6\times1898$ | XN20-3223 | 20# | 1 | 155 | 155 | | 西安北方热力 |
| 125 | 溶剂冷凝器 | $\Phi800\times12\times2205$ | XN20-3225 | 16MnR | 3 | 1145 | 3435 | | 兰州恒达 |
| 126 | 真空解吸再沸器 | $\Phi2000\times16\times9537$ | XN20-3218 | 16MnR | 2 | 42000 | 84000 | | 西安北方热力 |
| 127 | 预洗塔溶剂加热器 | $\Phi219\times6\times2716$ | XN20-3217 | 20# | 1 | 340 | 340 | | 西安北方热力 |

续表

| 序号 | 设备名称 | 技术规格 | 图号 | 材料 | 数量 | 重量(单)/kg | 重量(总)/kg | 备注 | 厂家 |
|---|---|---|---|---|---|---|---|---|---|
| 128 | 溶剂加热器 | Φ600×6×3000 | XN20-3221 | 16MnR | 1 | 1370 | 1370 | | 兰州西牛 |
| 129 | 高级炔汽提再沸器 | Φ700×8×4226 | XN20-3222 | 16MnR | 2 | 2620 | 2620 | | 西安北方热力 |
| 130 | 溶剂蒸发器 | Φ1100×12×16645 | XN20-3224 | 16MnR | 2 | 16645 | 33290 | | 西安北方热力 |
| 131 | NMP冷却器 | Φ1300×16×7776 | XN20-3214 | CS | 1 | 7825 | 7825 | | 西安北方热力 |
| 132 | 乙炔冷却器 | Φ1000×10×6680 | XN20-3226 | 16MnR | 1 | 7830 | 7830 | | 西安北方热力 |
| 133 | 循环碱液冷却器 | Φ600×8×2395 | XN20-3229 | 16MnR | 1 | 1340 | 1340 | | 西安北方热力 |
| 134 | 1级循环酸冷却器 | Φ600×8×6295 | XN20-3227 | Q345R | 3 | 3370 | 10110 | | 西安北方热力 |
| 135 | 2级循环酸冷却器 | Φ500×8×4635 | XN20-3228 | Q345R | 3 | 1770 | 5310 | | 西安北方热力 |
| 136 | 燃烧室冷却水冷却器 | BR0.4-1.1-30-E | 09763N | SS | 2 | 750 | 1500 | | 兰州兰石 |
| 137 | 1段冷却水冷却器 | BD0.5-2.0-80-E | 09764N | SS | 4 | 1870 | 7480 | | 兰州兰石 |
| 138 | 2段冷却水冷却器 | BD0.5-1.4-48-E | 09771N | SS | 4 | 1600 | 6400 | | 兰州兰石 |
| 139 | 真空凝液循环冷却器 | BR0.12A-1.1-3-E | 09773N | SS | 2 | 263 | 526 | | 兰州兰石 |
| 140 | 溶剂换热器 | BR10-1.4/150 | 1410007 | SS | 3 | 6270 | 18810 | | 西安北方热力 |
| 141 | 溶剂冷却器 | BD0.9-1.4-77-E | 09773N | SS | 2 | 2260 | 4520 | | 兰州兰石 |
| 142 | 溶剂冷却器 | BR10-404 | 1410006 | SS | 1 | 6270 | 6270 | | 西安北方热力 |
| 143 | 高级炔洗水冷却器 | BR0.67-1.4-45-E | 09780N | SS | 2 | 1500 | 3000 | | 兰州兰石 |
| 144 | 高级炔洗水冷却器 | BR1.2-1.4-225-E | 73581 | SS | 1 | 3950 | 3950 | | 兰州兰石 |
| 145 | 冷凝水冷却器 | BR0.4-2.0-11-E | 09781N | SS | 2 | 590 | 1180 | | 兰州兰石 |
| 146 | 卧式冷凝器 | Φ1300×14×7816 | FB535-00JGT | Q245R | 1 | 18100 | 18100 | | 武汉新世界 |
| 147 | 集油器 | Φ500×8×1570 | F9006-00JGT | Q235-B | 1 | 192 | 192 | | 武汉新世界 |
| 148 | 空气分离器 | Φ220×8×1750 | F3105-00JGT07168 | 20# | 1 | 92 | 92 | | 武汉新世界 |
| 149 | 液氨分离器 | Φ1400×10×3560 | F5014-00JGT07168 | Q245R | 1 | 1350 | 1350 | | 武汉新世界 |
| 150 | 氨贮液器 | Φ1700×14×7340 | FB536-00JGT | Q245R | 1 | 6825 | 6825 | | 武汉新世界 |
| 151 | 油分离器 | Φ900×14×4540 | F1630-00JGT07168 | Q245R | 2 | 2400 | 4800 | | 武汉新世界 |

注:CS—碳钢;SS—不锈钢;ETFE—乙烯-四氟乙烯共聚物。

安全阀见表 1-7。

表 1-7　安全阀

| 序号 | 型号 | 类型 | 公称通径/mm | 公称压力/MPa | 工作介质 |
|---|---|---|---|---|---|
| 1 | 5262.1622 | 弹簧式 | 2″/3″ | 150LB RF/150LB RF | 氮气 |
| 2 | 5262.1622 | 弹簧式 | 2″/3″ | 150LB RF/150LB RF | 氮气 |
| 3 | 3104.9950-5264.6622 | 单切换弹簧式 | 6″/8″ | 150LB RF/150LB RF | 天然气 |
| 4 | 3104.9950-5264.6622 | 单切换弹簧式 | 6″/8″ | 150LB RF/150LB RF | 天然气 |
| 5 | 3102.9340-4412.4832 | 单切换弹簧式 | $(1\frac{1}{2})″/(2\frac{1}{2})″$ | 150LB RF/150LB RF | 冷凝液 |
| 6 | 3102.9340-4412.4832 | 单切换弹簧式 | $(1\frac{1}{2})″/(2\frac{1}{2})″$ | 150LB RF/150LB RF | 冷凝液 |
| 7 | 3102.9320-5262.0012 | 单切换弹簧式 | 1″/2″ | 150LB RF/150LB RF | 天然气 |
| 8 | 3102.9320-5262.0012 | 单切换弹簧式 | 1″/2″ | 150LB RF/150LB RF | 天然气 |
| 9 | 4593.2512 | 弹簧式 | $(\frac{3}{4})″/1″$ | 150LB RF/150LB RF | 循环水 |
| 10 | 4593.2512 | 弹簧式 | $(\frac{3}{4})″/1″$ | 150LB RF/150LB RF | 循环水 |
| 11 | 4593.2512 | 弹簧式 | $(\frac{3}{4})″/1″$ | 150LB RF/150LB RF | 循环水 |
| 12 | 4593.2512 | 弹簧式 | $(\frac{3}{4})″/1″$ | 150LB RF/150LB RF | 循环水 |
| 13 | 4593.2512 | 弹簧式 | $(\frac{3}{4})″/1″$ | 150LB RF/150LB RF | 循环水 |
| 14 | 4593.2512 | 弹簧式 | $(\frac{3}{4})″/1″$ | 150LB RF/150LB RF | 循环水 |
| 15 | 4593.2512 | 弹簧式 | $(\frac{3}{4})″/1″$ | 150LB RF/150LB RF | 循环水 |
| 16 | 4593.2512 | 弹簧式 | $(\frac{3}{4})″/1″$ | 150LB RF/150LB RF | 循环水 |
| 17 | 3102.9920-5262.6582 | 单切换弹簧式 | 6″/8″ | 300LB RF/150LB RF | 裂解气 |
| 18 | 3102.9920-5262.6582 | 单切换弹簧式 | 6″/8″ | 300LB RF/150LB RF | 裂解气 |
| 19 | 3102.9920-5262.6582 | 单切换弹簧式 | 6″/8″ | 300LB RF/150LB RF | 裂解气 |
| 20 | 3102.9920-5262.6582 | 单切换弹簧式 | 6″/8″ | 300LB RF/150LB RF | 裂解气 |
| 21 | 3102.9910-5262.6672 | 单切换弹簧式 | 6″/10″ | 300LB RF/150LB RF | 裂解气 |
| 22 | 3102.9910-5262.6672 | 单切换弹簧式 | 6″/10″ | 300LB RF/150LB RF | 裂解气 |
| 23 | 3102.9910-5262.6672 | 单切换弹簧式 | 6″/10″ | 300LB RF/150LB RF | 裂解气 |
| 24 | 3102.9910-5262.6672 | 单切换弹簧式 | 6″/10″ | 300LB RF/150LB RF | 裂解气 |
| 25 | 3102.9350-5262.1632 | 单切换弹簧式 | 2″/3″ | 300LB RF/150LB RF | 裂解气 |
| 26 | 3102.9350-5262.1632 | 单切换弹簧式 | 2″/3″ | 300LB RF/150LB RF | 裂解气 |
| 27 | 3102.9350-5262.1632 | 单切换弹簧式 | 2″/3″ | 300LB RF/150LB RF | 裂解气 |

续表

| 序号 | 型号 | 类型 | 公称通径/mm | 公称压力/MPa | 工作介质 |
|------|------|------|------------|-------------|----------|
| 28 | 3102.9350-5262.1632 | 单切换弹簧式 | 2″/3″ | 300LB RF/150LB RF | 裂解气 |
| 29 | 3102.9350-5262.1622 | 单切换弹簧式 | 2″/3″ | 150LB RF/150LB RF | 裂解气 |
| 30 | 3102.9350-5262.1622 | 单切换弹簧式 | 2″/3″ | 150LB RF/150LB RF | 裂解气 |
| 31 | 3102.9350-5262.1622 | 单切换弹簧式 | 2″/3″ | 150LB RF/150LB RF | 合成气 |
| 32 | 3102.9350-5262.1622 | 单切换弹簧式 | 2″/3″ | 150LB RF/150LB RF | 合成气 |
| 33 | 5262.0012 | 弹簧式 | 1″/2″ | 150LB RF/150LB RF | 合成气 |
| 34 | 3102.9350-4412.4822 | 双切换弹簧式 | $(1\frac{1}{2})″/2″$ | 150LB RF/150LB RF | 合成气 |
| 35 | 3102.9350-4412.4822 | 双切换弹簧式 | $(1\frac{1}{2})″/2″$ | 150LB RF/150LB RF | 合成气 |
| 36 | 3102.9920-5262.6572 | 双切换弹簧式 | 6″/8″ | 150LB RF/150LB RF | 乙炔 |
| 37 | 3102.9920-5262.6572 | 双切换弹簧式 | 6″/8″ | 150LB RF/150LB RF | 乙炔 |
| 38 | 3102.9920-5262.6572 | 双切换弹簧式 | 6″/8″ | 150LB RF/150LB RF | 乙炔 |
| 39 | 3102.9920-5262.6572 | 双切换弹簧式 | 6″/8″ | 150LB RF/150LB RF | 乙炔 |
| 40 | 3102.9370-5262.1622 | 双切换弹簧式 | 2″/3″ | 150LB RF/150LB RF | 高级炔 |
| 41 | 3102.9370-5262.1622 | 双切换弹簧式 | 2″/3″ | 150LB RF/150LB RF | 高级炔 |
| 42 | 3102.9370-5262.1622 | 双切换弹簧式 | 2″/3″ | 150LB RF/150LB RF | 高级炔 |
| 43 | 3102.9370-5262.1622 | 双切换弹簧式 | 2″/3″ | 150LB RF/150LB RF | 高级炔 |
| 44 | 3102.9370-4412.4862 | 单切换弹簧式 | 3″/4″ | 150LB RF/150LB RF | NMP蒸气 |
| 45 | 4412.4832 | 弹簧式 | 3″/4″ | 150LB RF/150LB RF | NMP蒸气 |
| 46 | 3102.9370-4412.4862 | 单切换弹簧式 | 3″/4″ | 150LB RF/150LB RF | NMP蒸气 |
| 47 | 4412.4832 | 弹簧式 | $(1\frac{1}{2})″/(2\frac{1}{2})″$ | 150LB RF/150LB RF | NMP蒸气 |
| 48 | 4412.4832 | 弹簧式 | $(1\frac{1}{2})″/(2\frac{1}{2})″$ | 150LB RF/150LB RF | NMP蒸气 |
| 49 | 4412.4832 | 弹簧式 | $(1\frac{1}{2})″/(2\frac{1}{2})″$ | 150LB RF/150LB RF | NMP蒸气 |
| 50 | 4412.4832 | 弹簧式 | $(1\frac{1}{2})″/(2\frac{1}{2})″$ | 150LB RF/150LB RF | NMP蒸气 |
| 51 | 4412.4832 | 弹簧式 | $(1\frac{1}{2})″/(2\frac{1}{2})″$ | 150LB RF/150LB RF | 水蒸气 |
| 52 | 4412.4872 | 弹簧式 | 4″/6″ | 150LB RF/150LB RF | 乙炔 |
| 53 | 4412.4872 | 弹簧式 | 4″/6″ | 150LB RF/150LB RF | 乙炔 |
| 54 | 4412.4872 | 弹簧式 | 4″/6″ | 150LB RF/150LB RF | 乙炔 |
| 55 | 4593.2512 | 弹簧式 | $(\frac{3}{4})″/1″$ | 150LB RF/150LB RF | 循环水 |
| 56 | 4593.2512 | 弹簧式 | $(\frac{3}{4})″/1″$ | 150LB RF/150LB RF | 循环水 |

| 序号 | 型号 | 类型 | 公称通径/mm | 公称压力/MPa | 工作介质 |
|---|---|---|---|---|---|
| 57 | 4593.2512 | 弹簧式 | $(\frac{3}{4})''/1''$ | 150LB RF/150LB RF | 循环水 |
| 58 | 3102.9350-5262.1442 | 单切换弹簧式 | $2''/3''$ | 300LB RF/150LB RF | 氮气 |
| 59 | 3102.9350-5262.1442 | 单切换弹簧式 | $2''/3''$ | 300LB RF/150LB RF | 氮气 |
| 60 | 3102.9350-5262.1442 | 弹簧式 | $1''/2''$ | 150LB RF/150LB RF | 氮气 |
| 61 | 4412.4812 | 弹簧式 | $1''/2''$ | 150LB RF/150LB RF | 氮气 |
| 62 | 5262.2022 | 弹簧式 | $3''/4''$ | 150LB RF/150LB RF | 氮气 |
| 63 | 5262.2022 | 弹簧式 | $3''/4''$ | 150LB RF/150LB RF | 氮气 |
| 64 | 5262.0022 | 弹簧式 | $1''/2''$ | 300LB RF/150LB RF | 氮气 |
| 65 | 5262.0022 | 弹簧式 | $1''/2''$ | 300LB RF/150LB RF | 氮气 |
| 66 | 3102.9910-5262.6575 | 单切换弹簧式 | $6''/8''$ | 150LB RF/150LB RF | 蒸气 |
| 67 | 3102.9910-5262.6575 | 单切换弹簧式 | $6''/8''$ | 150LB RF/150LB RF | 蒸气 |
| 68 | 3102.9380-5262.6455 | 单切换弹簧式 | $4''/6''$ | 150LB RF/150LB RF | 蒸气 |
| 69 | 3102.9380-5262.6455 | 单切换弹簧式 | $4''/6''$ | 150LB RF/150LB RF | 蒸气 |
| 70 | 5262.0012 | 弹簧式 | $1''/2''$ | 150LB RF/150LB RF | 工厂空气 |
| 71 | 3102.9340-4412.4832 | 单切换弹簧式 | $(1\frac{1}{2})''/(2\frac{1}{2})''$ | 300LB RF/300LB RF | 高级块 |
| 72 | 3102.9340-4412.4832 | 单切换弹簧式 | $(1\frac{1}{2})''/(2\frac{1}{2})''$ | 300LB RF/300LB RF | 高级块 |
| 73 | 3102.9340-4412.4832 | 单切换弹簧式 | $(1\frac{1}{2})''/(2\frac{1}{2})''$ | 300LB RF/300LB RF | 高级块 |
| 74 | 3102.9340-4412.4832 | 单切换弹簧式 | $(1\frac{1}{2})''/(2\frac{1}{2})''$ | 300LB RF/300LB RF | 高级块 |
| 75 | 4332.4212 | 弹簧式 | $2''/3''$ | | 油 |
| 76 | 4332.4212 | 弹簧式 | $2''/3''$ | | 油 |
| 77 | 4332.4212 | 弹簧式 | $2''/3''$ | | 油 |
| 78 | 4332.4212 | 弹簧式 | $2''/3''$ | | 油 |
| 79 | A42H-150LbP | 弹簧式 | $2''/(1\frac{1}{4})''$ | | 脱盐水 |
| 80 | A42H-151LbP | 弹簧式 | $2''/(1\frac{1}{4})''$ | | 脱盐水 |
| 81 | A42H-152LbP | 弹簧式 | $2''/(1\frac{1}{4})''$ | | 脱盐水 |
| 82 | A42H-153LbP | 弹簧式 | $2''/(1\frac{1}{4})''$ | | 脱盐水 |
| 83 | 4332.4212 | 弹簧式 | $(1\frac{1}{2})''/2''$ | | 油 |
| 84 | 4332.4212 | 弹簧式 | $(1\frac{1}{2})''/2''$ | | 油 |

续表

| 序号 | 型号 | 类型 | 公称通径/mm | 公称压力/MPa | 工作介质 |
|---|---|---|---|---|---|
| 85 | 4332.4212 | 弹簧式 | $(1\frac{1}{2})''/2''$ | | 油 |
| 86 | 4332.4212 | 弹簧式 | $(1\frac{1}{2})''/2''$ | | 油 |
| 87 | A42F-25 | 弹簧式 | DN40/DN40 | | 氨气 |
| 88 | A42F-25 | 弹簧式 | DN40/DN40 | | 氨气 |
| 89 | A42F-25 | 弹簧式 | DN25/DN25 | | 氨气 |
| 90 | A42F-25 | 弹簧式 | DN40/DN40 | | 氨气 |
| 91 | A42F-25 | 弹簧式 | DN40/DN40 | | 氨气 |
| 92 | A21Y-16C | 弹簧式 | DN15/DN15 | 螺纹连接 | 聚丙烯酰胺液 |
| 93 | A21Y-16C | 弹簧式 | DN15/DN15 | 螺纹连接 | 聚丙烯酰胺液 |
| 94 | A21Y-16C | 弹簧式 | DN15/DN15 | 螺纹连接 | 聚丙烯酰胺液 |
| 95 | DA21F-25P | 弹簧式 | 7/8 | 螺纹连接 | 压缩空气 |
| 96 | DA21F-25P | 弹簧式 | 7/8 | 螺纹连接 | 压缩空气 |
| 97 | DA21F-25P | 弹簧式 | 7/8 | 螺纹连接 | 压缩空气 |
| 98 | DA21F-25P | 弹簧式 | 7/8 | 螺纹连接 | 压缩空气 |
| 99 | DA21F-25P | 弹簧式 | 7/8 | 螺纹连接 | 压缩空气 |
| 100 | DA21F-25P | 弹簧式 | 7/8 | 螺纹连接 | 压缩空气 |
| 101 | A27W-10T | 弹簧式 | 7/8 | 螺纹连接 | 压缩空气 |
| 102 | A27W-10T | 弹簧式 | 7/8 | 螺纹连接 | 压缩空气 |
| 103 | A27W-10T | 弹簧式 | 7/8 | 螺纹连接 | 压缩空气 |
| 104 | A27W-10T | 弹簧式 | 7/8 | 螺纹连接 | 压缩空气 |
| 105 | A27W-10T | 弹簧式 | 7/8 | 螺纹连接 | 压缩空气 |
| 106 | A27W-10T | 弹簧式 | 7/8 | 螺纹连接 | 压缩空气 |
| 107 | A27W-10T | 弹簧式 | 7/8 | 螺纹连接 | 压缩空气 |
| 108 | A27W-10T | 弹簧式 | 7/8 | 螺纹连接 | 压缩空气 |
| 109 | A27W-10T | 弹簧式 | 7/8 | 螺纹连接 | 压缩空气 |
| 110 | A27W-10T | 弹簧式 | 7/8 | 螺纹连接 | 压缩空气 |
| 111 | A27W-10T | 弹簧式 | 7/8 | 螺纹连接 | 压缩空气 |
| 112 | A27W-10T | 弹簧式 | 7/8 | 螺纹连接 | 压缩空气 |

# 第二章 天然气制乙炔操作技术

## 第一节 乙炔装置各岗位单元操作技术

### 一、部分氧化岗位操作的核心和任务

在保证装置安全平稳运行的情况下，实现较高的乙炔产率为核心。根据天然气、氧气的特性，依照天然气部分氧化制乙炔的反应机理和对反应后气体成分的要求，合理控制预热炉的出口气体温度和裂解反应炉的烧嘴板温度，保证实现较高的乙炔产率，降低炭黑的生成。

### 二、乙炔提浓岗位和溶剂再生岗位操作的核心和任务

本系统利用 NMP 对炔烃良好的物理吸收特性，乙炔提浓系统在低温高压下有利于 NMP 对炔烃吸收的原理和溶剂再生系统高温低压下有利于解吸的原理为操作核心。控制好乙炔提浓系统流量、温度、压力；合理控制好溶剂再生系统温度、真空度、NMP 中的水含量等参数。保证 NMP 对乙炔气和高级炔气良好的吸收和解吸过程，分离出合格的产品乙炔气及合成气，同时在高温低压下使 NMP 溶剂再生。为下游装置提供合格乙炔气与合成气是本岗位操作的首要任务。

### 三、溶剂处理操作的核心和任务

在安全平稳的前提下实现高效回收 NMP 溶剂及排出系统中 NMP 聚合物是本系统的操作核心。控制好系统压力、温度，及溶剂蒸发罐的液位，保证 NMP 溶剂高效回收及聚合物的及时排出，使装置安、稳、长、满、优运行是岗位操作的首要任务。

## 第二节 岗位操作特点和技术特点

### 一、部分氧化岗位的操作特点和技术特点

#### 1. 部分氧化岗位的操作特点

装置的反应原料及中间产品具有燃爆的危险性，对员工的素养和技能有很高的要

求，整个操作过程要严格按规定控制工艺参数，仔细认真，保证装置的火炬系统和安全阀、密封罐系统运行正常。工艺有波动要及时、准确地进行判断，平稳有效地调整。

### 2. 部分氧化岗位的技术特点

① 根据预热炉压力测定值，调节烟道挡板开度，保持预热炉炉膛的微负压防止预热炉炉膛憋压。

② 设计压差表，观察从扩散道顶部到烧嘴板上方的压差为负值，防止发生早期着火或回火现象。

③ 根据温度检测值，判断早期着火是否发生，一旦三个测温探头中有一个温度过高，即触发 SD1 联锁。

④ 设计氮气压送罐，通过压力控制，控制氮气压送罐压力，确保当泵或电源出现故障时，用氮气系统来推动氮气压送罐中的冷却水，保持最低流量并维持 25～30min，供应到烧嘴板，防止烧嘴板发生热损坏。

⑤ 设计阀门的联锁系统，确保当一台压缩机停车时，入口和出口阀门关闭，并使二级排放段上的止回阀关闭；立即打开两级间的内部循环阀来平衡两级间与吸入端的压力，防止一旦断电，二段压缩冷却塔中滞留的裂解气导致压缩机螺杆逆转造成设备破坏。

⑥ 设计有 SD1 和 SD2 的安全联锁系统，装置在运行过程中瞬间工艺出现大的波动，人员不能及时处理时，安全联锁及时触发，切断原料供应，有效地避免安全事故的发生。

## 二、乙炔提浓岗位和溶剂再生岗位的操作特点和技术特点

### 1. 乙炔提浓岗位和溶剂再生岗位的操作特点

乙炔提浓系统和溶剂再生系统是装置工艺生产的核心，乙炔提浓系统控制参数主要为 NMP 进入预洗塔和主洗塔温度和流量、压力；溶剂再生系统控制参数主要有真空压力、温度、NMP 中的水含量，它们的相互关系十分复杂，各变化因素又相互制约，且该系统的操作直接影响整个提浓系统的平稳运行，因此乙炔提浓系统和溶剂再生系统操作难度大，要求高，在正常工况下要全面分析，精心调节，对于非正常工况，要做到准确判断，及时处理。

### 2. 乙炔提浓岗位的技术特点

① 乙炔提浓系统的 NMP 溶剂从高压系统到低压系统，利用吸收和解吸的原理，高压、低温有利于吸收，从而在高压系统将裂解气中的乙炔、丁二炔、乙烯基乙炔全部吸收完。

② 预洗塔利用一定量的 NMP 自身循环，通过降温后，将裂解气中夹带的水分冷却下来，最后通过高级炔汽提塔闪蒸除去其中的水分。

③ 将吸收的溶解有乙炔的 NMP 通过加热和降压后，使乙炔得以解吸。

④ 各洗涤塔中加入冷凝液用于回收 NMP。

### 3. 溶剂再生岗位的技术特点

① 真空解吸塔，通过真空解吸再沸器加热和降低系统压力，从而使溶剂得到再生。

② 热力解吸塔，通过加热及真空解吸原理解吸出乙炔气。

③ 通过真空压缩机和高级炔压缩机的抽吸量平衡，调整系统乙炔气/高级炔/水含量的平衡。

④ 通过溶剂换热器对冷热 NMP 相互传热，回收热量。

⑤ 真空、高温下进行 NMP 脱气回收。

## 三、溶剂处理岗位的操作特点和技术特点

### 1. 溶剂处理岗位的操作特点

溶剂处理系统是装置排出 NMP 聚合物及回收 NMP 溶剂，其核心是控制溶剂蒸发罐的温度、压力，聚合物浓缩器的温度、压力，保证 NMP 中无聚合物，提浓工段、溶剂再生工段不被聚合物堵塞，操作好坏直接影响 NMP 溶剂的损失及提浓、溶剂再生工段的平稳运行。

### 2. 溶剂再生岗位的技术特点

① 溶剂处理系统溶剂蒸发罐利用蒸汽保证高温、高级炔压缩机抽吸保证低压，对 NMP 溶剂蒸发浓缩，使 NMP 溶剂中聚合物达到一定浓度。

② 到达一定浓度聚合物的 NMP 溶剂，在聚合物浓缩器中低压蒸汽加热，蒸汽喷射泵再次降低压力，由于蒸发后的水蒸气、NMP 溶剂蒸气的液化温度不同而分离。

③ 浓缩后的聚合物最后通过人工清理排出系统，必须穿戴危化品劳动防护用品。

## 四、乙炔净化岗位的操作特点和技术特点

### 1. 乙炔净化岗位的操作特点

乙炔净化系统是实现产品精乙炔合格的重要生产工艺，乙炔净化系统主要控制参数有塔的温度、循环酸温度、碱的浓度、酸的浓度；温度和浓度直接影响产品品质，因此乙炔提浓系统和溶剂再生系统操作难度大，要求高，在正常工况下要全面分析，精心调节，对于非正常工况，要做到准确判断，及时处理。

### 2. 乙炔净化岗位的技术特点

① 通过乙炔冷却器降低乙炔气的温度，尽可能使气体中的水蒸气冷凝下来。

② 除去粗乙炔气中的二氧化碳，同时乙炔气被冷却。

③ 除去气体中的不饱和烃、水及少量乙炔反应生成的聚合物。

# 第三节　岗位操作遵循的原则

## 一、部分氧化岗位操作遵循的原则

① 根据控制指标的要求，平稳操作，精准调节。控制好预热炉的出口温度，保证

装置的稳定运行。

② 根据裂解炉炉膛温度，严格控制急冷水流量，并监测急冷水换热器温度，防止换热器泄漏，影响装置稳定运行。

③ 稳定燃烧室冷却水压送罐的压力和液位，确保紧急停车时，冷却水以最低流量对烧嘴板进行降温，防止烧嘴板发生热损坏。

④ 定期测试火炬阀开度，确保火炬阀灵活开关，防止装置小停车时，产品阀关闭而火炬阀不能及时打开，造成炉膛压力超高冲破水封。

⑤ 根据裂解气的成分分析，及时调整进料比，保证乙炔的产率。

⑥ 监控原料天然气和氧气的总管压力，出现大的波动，通知调度，及时作出调整。

## 二、乙炔提浓及溶剂再生系统的操作原则

① 生产中要平稳操作，调节参数要稳妥缓慢，幅度要小，防止系统的波动。

② 对影响生产的参数必须准确判断，对操作的调整必须准确迅速。严格遵循工艺卡片，在调节过程中坚决执行工艺纪律。

③ 对产生非正常工况的原因要正确分析及时处理，不得因误操作使事态扩大。

④ 严格控制乙炔提浓系统 NMP 进入预洗塔和主洗塔的流量和温度、压力，防止流量过小或过大、压力过低、温度过高对 NMP 吸收的影响。

⑤ 严格控制溶剂再生系统中的温度、真空压力、NMP 中的水含量，防止温度过低、真空压力过高、NMP 中的水含量过高对溶剂再生系统 NMP 解吸的影响。

⑥ 切实执行岗位责任制。

## 三、溶剂处理系统的操作原则

① 生产中要平稳操作，调节参数要平稳缓慢，幅度要小，防止系统的波动。

② 对影响生产的参数必须准确判断，对操作的调整必须准确迅速。严格遵循工艺卡片，在调节过程中坚决执行工艺纪律。

③ 对产生非正常工况的原因要正确分析及时处理，不得因误操作使事态扩大。

④ 严格控制系统的压力和温度，防止系统超压、低温，造成 NMP 损失浪费。

⑤ 切实执行岗位责任制。

## 四、乙炔净化系统的操作原则

① 生产中要平稳操作，调节参数要稳妥缓慢，幅度要小，防止系统的波动。

② 对影响生产的参数必须准确判断，对操作的调整必须准确迅速。严格遵循工艺卡片，在调节过程中坚决执行工艺纪律。

③ 对产生非正常工况的原因要正确分析及时处理，不得因误操作使事态扩大。

④ 严格控制乙炔净化系统塔的温度、循环酸温度、碱的浓度、酸的浓度，防止产品精乙炔不合格及大量的聚合物产生。

⑤ 切实执行岗位责任制。

# 第四节　工艺技术执行规范

① 《德国 BASF 工艺包》。

② 2019 版乙炔厂二车间《操作规程》。

③ 国家安全监管总局《关于加强化工过程安全管理的指导意见》安监总管三〔2013〕88 号文件。

④ 中华人民共和国安全生产行业标准 AQ/T 3034—2022《化工过程安全管理导则》。

⑤ 《中国石油炼化装置操作规程》。

# 第五节　主要控制回路

## 一、部分氧化主要控制回路

### 1. 天然气预热炉出口温度

相关参数：燃料天然气流量、助燃空气流量。

控制方式：空气和天然气的比值。燃料天然气的流量输出值作为助燃空气的设定值，根据天然气流量和助燃空气流量的配比及预热炉燃烧情况控制天然气预热炉出口温度。

正常调整：

| 影响因素 | 调整方法 |
| --- | --- |
| 燃料天然气流量 | 预热炉出口温度通过燃料气流量阀控制,阀门开大,温度上涨,阀门关小,温度下降 |
| 助燃空气流量 | 预热炉出口温度通过助燃空气流量阀控制,调整空气量达到天然气和空气最佳燃烧状况,火焰蓝黄均匀 |

异常处理：

| 异常情况 | 原因 | 调整方法 |
| --- | --- | --- |
| 温度过高 | 燃料气量偏大 | 关小燃料气流量阀 |
| 温度过低 | 燃料气量偏小 | 开大燃料气流量阀 |
| | 助燃空气量不足,燃烧不充分 | 开大空气阀,使燃烧火焰蓝黄均匀 |

### 2. 氧气预热炉出口温度

相关参数：燃料天然气流量、助燃空气流量。

控制方式：空气和天然气的比值。燃料天然气的流量输出值作为助燃空气的设定值，根据天然气流量和助燃空气流量的配比及预热炉燃烧情况控制氧气预热炉出口温度。

正常调整：

| 影响因素 | 调整方法 |
|---|---|
| 燃料天然气流量 | 预热炉出口温度通过燃料气流量阀控制,阀门开大,温度上涨,阀门关小,温度下降 |
| 助燃空气流量 | 预热炉出口温度通过助燃空气流量阀控制,调整空气量达到天然气和空气最佳燃烧状况,火焰蓝黄均匀 |

异常处理：

| 异常情况 | 原因 | 调整方法 |
|---|---|---|
| 温度过高 | 燃料气量偏大 | 关小燃料气流量阀 |
| 温度过低 | 燃料气量偏小 | 开大燃料气流量阀 |
| | 助燃空气量不足,燃烧不充分 | 开大空气阀,使燃烧火焰蓝黄均匀 |

### 3. 裂解气压缩机入口总管压力

相关参数：裂解气压缩机入口总管压力。

控制方式：通过压缩机抽吸量控制入口总管压力，当压缩机抽吸量增大，入口压力降低，抽吸量减小，入口压力升高；天然气负荷增加，入口压力上升，负荷降低，入口压力减小。

正常调整：

| 影响因素 | 调整方法 |
|---|---|
| 压缩机负荷 | 调整一段循环阀及二段循环阀,阀门开大,入口压力上升,阀门关小,入口压力降低 |
| 天然气负荷 | 当负荷增加时,关小一段循环阀及二段循环阀;负荷降低时,开大一段循环阀及二段循环阀 |

异常处理：

| 异常情况 | 原因 | 调整方法 |
|---|---|---|
| 压力偏高 | 压缩机一、二段循环阀开度大 | 关小一、二段循环阀 |
| | 压缩机一、二段循环阀故障 | 联系仪表下线处理 |
| | 装置增加负荷 | 关小一、二段循环阀 |
| | 压缩机入口滤网堵塞 | 停机,清理滤网 |
| 压力偏低 | 压缩机一、二段循环阀开度小 | 开大一、二段循环阀 |
| | 压缩机一、二段循环阀故障 | 联系仪表下线处理 |

# 二、乙炔提浓、净化岗位主要控制回路

## 1. NMP 吸收温度

相关参数：溶剂冷却器出口温度，NMP 冷却器出口温度。

控制方式：NMP 吸收温度通过氨制冷系统冷却降温控制，液氨通过节流膨胀、气化吸热、压缩冷却循环做功，使 NMP 温度降低。

正常调整：

| 影响因素 | 调整方法 |
|---|---|
| NMP 冷却器液位 | 通过调整阀调节 NMP 冷却器液位,从而调整 NMP 温度 |
| 氨制冷压缩机负荷 | 根据压缩机吸气压力和吸气温度,调节压缩机能量 |
| 溶剂冷却器 NMP 出口温度 | 联系调度调整循环水温度<br>检查溶剂冷却器换热器投运情况,并做出调整 |

异常处理：

| 异常情况 | 原因 | 调整方法 |
|---|---|---|
| 温度偏高 | NMP 冷却器液氨侧液位偏低或润滑油较多 | 缓慢开大控制阀,升高 NMP 冷却器液氨侧液位或排尽润滑油 |
| | 压缩机能量偏低 | 根据压缩机吸气压力和吸气温度,增加压缩机能量 |
| | 循环水温度过高 | 联系调度降低循环水温度 |
| | 溶剂冷却器堵塞,导致 NMP 出口温度偏高 | 清洗溶剂冷却器 |
| 温度偏低 | NMP 冷却器液氨侧液位偏高 | 缓慢关小控制阀,降低 NMP 冷却器液位,从而减少液氨蒸发量 |
| | 压缩机能量偏高 | 现场核对压缩机能量,降低压缩机能量 |
| | 循环水温度过低 | 联系调度升高循环水温度,从而升高溶剂冷却器出口 NMP 温度 |

## 2. 进入主洗塔溶剂流量

相关参数：容积泵出口温度,尾气洗涤塔出口压力。

控制方式：计算出 NMP 最低需求量,作为控制阀的设定值,与给定值比较,DCS 运算后自动输出信号,控制阀门动作,调节主洗塔溶剂流量。

正常调整：

| 影响因素 | 调整方法 |
|---|---|
| 负荷 | 根据 NMP 最低需求量,通过控制阀调节进入主洗塔的流量的大小 |
| 合成气中的乙炔含量 | 根据尾气洗涤塔出口合成气中的乙炔含量,通过控制阀调节进入主洗塔的 NMP 的流量大小 |

异常处理：

| 异常情况 | 原因 | 处理方法 |
|---|---|---|
| 控制阀偏大 | 高压系统压力降低 | 关小控制阀 |
| | 流量显示错误 | 联系仪表处理 |
| | 控制阀故障 | 控制阀下线处理,溶剂切旁路 |
| 控制阀偏小 | 高压系统压力升高 | 开大控制阀 |
| | 流量显示错误 | 联系仪表处理 |
| | 控制阀故障 | 控制阀下线处理,溶剂切旁路 |
| | 容积泵入口滤网堵塞 | 切泵,停机清理滤网 |

### 3. 合成气中乙炔含量

相关参数：NMP 温度、NMP 水含量。

控制方式：在主洗塔中既要保证合成气中乙炔全部被吸收完，又要保证大循环流量为最低流量的前提下，将 NMP 温度和 NMP 水含量控制在指标范围内。

正常调整：

| 影响因素 | 调整方法 |
| --- | --- |
| 大循环流量 | 根据 NMP 最低需求量，用控制阀来调节 NMP 的量 |
| NMP 温度 | 通过氨制冷的能量大小及 NMP 冷却器液位进行调节 |
| NMP 中的水含量 | 通过真空压缩机与高级炔压缩机的抽气量、洗涤冷凝塔温度来调节 |

异常处理：

| 异常情况 | 原因 | 调整方法 |
| --- | --- | --- |
| 合成气中乙炔含量偏高 | NMP 温度较高 | 氨制冷压缩机增载<br>提高 NMP 冷却器液位<br>检查溶剂冷却器投用情况，根据实际情况调节 |
| | 大循环流量偏小 | 根据合成气中乙炔含量，缓慢开大控制阀 |
| | NMP 中的水含量较高 | 增大高级炔压缩机抽吸量<br>开大洗涤冷凝塔温度控制阀，降低温度 |
| | 高压系统操作压力降低 | 调节高压系统压力控制阀，控制压力在要求以上 |
| | 在线分析仪故障，所显示数值错误 | 联系仪表人员对在线仪表进行维修 |

### 4. 乙炔洗涤塔乙炔中二氧化碳含量

相关参数：乙炔汽提塔塔汽提气流量、循环气流量。

控制方式：将逆流解吸塔塔顶采出的含有大量乙炔及少量二氧化碳的混合气体，通过循环气洗涤塔洗涤 NMP 后送至裂解气压缩机入口，最终被合成气带走，从而降低粗乙炔中二氧化碳含量。

正常调整：

| 影响因素 | 调整方法 |
| --- | --- |
| 循环气流量 | 通过调节循环气量，保证循环气出口流量大于汽提气流量的 1.15 倍 |

异常处理：

| 异常情况 | 原因 | 处理方法 |
| --- | --- | --- |
| 乙炔中二氧化碳含量超标 | 裂解气压缩机入口压力偏高 | 关小压缩机一、二段循环阀 |
| | 乙炔气放空，乙炔汽提塔气出压力偏低 | 提高乙炔汽提气出压力 |
| | 循环气流量偏小 | 开大循环气流量控制阀，保证循环气汽提塔出口流量大于乙炔汽提塔汽提气流量的 1.15 倍 |

### 5. 乙炔压缩机出口压力

相关参数：出口压力。

控制方式：单回路控制，给定压缩机循环阀设定值后，过程值与设定值进行比较，DCS 运算后自动输出信号，控制阀门动作，调节循环量，从而调整乙炔压缩机出口压力。

正常调整：

| 影响因素 | 调整方法 |
|---|---|
| 循环阀门开度 | 通过调节压缩机循环阀进行压力的控制 |
| 乙炔外送量 | 通过与调度联系下游车间的负荷情况来调节 |

异常处理：

| 异常情况 | 原因 | 处理方法 |
|---|---|---|
| 压力偏高 | 循环阀门开度过小 | 开大压缩机循环阀 |
| | 出口阻解器及管道积水 | 出口阻解器及出口管道排水 |
| | 下游车间减负荷 | 联系调度下游车间加负荷 |
| 压力偏低 | 循环阀门开度过大 | 关小压缩机循环阀 |
| | 下游车间加负荷 | 保证气柜液位稳定的情况下,可关小压缩机循环阀,增加外送量 |
| | 乙炔阻解器积水 | 阻解器排水 |

### 6. 碱洗塔循环碱液温度

相关参数：循环碱液温度。

控制方式：单回路控制，给定温度控制阀设定值后，过程值与设定值进行比较，DCS 运算后自动输出信号，控制阀门动作，调节循环水流量，从而调整碱洗塔循环碱液温度。

正常调整：

| 影响因素 | 调整方法 |
|---|---|
| 循环水量 | 通过温度控制阀调节循环水量,阀门开大,温度降低,阀门关小,温度升高 |
| 乙炔气温度 | 通过乙炔压缩机出口乙炔气温度调整,乙炔压缩机出口温度降低,碱洗塔温度降低;乙炔压缩机出口温度升高,碱洗塔温度升高 |

异常处理：

| 异常情况 | 原因 | 处理方法 |
|---|---|---|
| 温度偏高 | 循环水温度过高 | 联系调度降低循环水温度 |
| | 温度控制阀开度小 | 开大循环回水 |
| | 温度控制阀故障 | 联系仪表处理 |
| 温度偏低 | 循环水温度过低 | 联系调度提高循环水温度 |
| | 温度控制阀开度大 | 关小循环回水 |
| | 温度控制阀故障 | 联系仪表处理 |

### 7. 一级酸洗塔循环酸温度

相关参数：循环酸温度。

控制方式：单回路控制，给定温度控制阀设定值后，过程值与设定值进行比较，DCS 运算后自动输出信号，控制温度控制阀动作，调节循环水流量，从而调整一级酸洗塔循环酸温度。

正常调整：

| 影响因素 | 调整方法 |
| --- | --- |
| 循环水量 | 通过温度控制阀调节循环水量,阀门开大,温度降低;阀门关小,温度升高 |
| 乙炔气温度 | 通过乙炔冷却器出口乙炔气温度调整,乙炔冷却器出口温度降低,一级酸洗塔循环温度降低;乙炔冷却器出口温度升高,一级酸洗塔循环温度升高 |

异常处理：

| 异常情况 | 原因 | 处理方法 |
| --- | --- | --- |
| 温度偏高 | 循环水温度过高 | 联系调度降低循环水温度 |
| | 温度控制阀开度小 | 开大循环回水温度控制阀 |
| | 温度控制阀故障 | 联系仪表处理 |
| 温度偏低 | 循环水温度过低 | 联系调度提高循环水温度 |
| | 温度控制阀开度大 | 关小循环回水 |
| | 温度控制阀故障 | 联系仪表处理 |

# 三、溶剂再生岗位主要控制回路

## 1. 真空解吸塔塔压

相关参数：溶剂储罐 NMP 中水含量，洗涤冷凝塔温度，高级炔压缩机入口温度，真空压缩机如真空压缩机出口温度。

控制方式：单回路控制，通过设定值与过程值作比较，DCS 运算后自动输出信号，控制阀门动作，调节真空解吸塔塔压。正常操作中，通过调节高级炔压缩机、真空压缩机抽吸量及洗涤冷凝塔的温度来调节。

正常调整：

| 影响因素 | 调整方法 |
| --- | --- |
| 高级炔压缩机抽吸量 | 通过调节高级炔压缩机入口阀门的开度,调节高级炔压缩机抽吸量 |
| 真空压缩机抽吸量 | 通过调节高级炔压缩机入口阀门的开度,调节真空压缩机抽吸量 |
| 洗涤冷凝塔气出温度 | 通过调节洗涤冷凝塔阀门的开度,调节洗涤冷凝塔的气出温度 |

异常处理：

| 异常情况 | 原因 | 处理方法 |
| --- | --- | --- |
| 压力偏高 | 高级炔压缩机抽吸不足 | 开大高级炔压缩机入口阀门,增大抽吸量 |
| | 真空压缩机抽吸量不足 | 开大真空压缩机入口阀门,增大抽吸量 |
| | 洗涤冷凝塔气出温度偏高 | 开大洗涤冷凝塔的温度控制阀,降低洗涤冷凝塔气出温度 |

| 异常情况 | 原因 | 处理方法 |
|---|---|---|
| 压力偏低 | 高级炔压缩机抽吸量过大 | 关小高级炔压缩机入口阀门,降低抽吸量 |
| | 真空压缩机抽吸量过大 | 关小真空压缩机入口阀门,降低抽吸量 |
| | 洗涤冷凝塔气出温度偏低 | 关小洗涤冷凝塔的温度控制阀,提高洗涤冷凝塔气出温度 |
| | 真空压缩机外循环阀门开度过小 | 开大压力控制阀 |

### 2. 真空解吸塔塔温

相关参数:溶剂蒸发罐温度,溶剂加热器温度,NMP 流量。

控制方式:温度控制为主回路调节器,流量控制为副回路调节器,主液位控制器通过检测的温度信号与设定值比较输出温度信号作为副液位控制器的设定值,通过流量阀门控制蒸汽流量,最终控制真空解吸塔 NMP 出口温度达到平稳。正常操作中,对真空解吸塔温度影响最大的是溶剂蒸发罐顶部温度和溶剂加热器出口温度。

正常调整:

| 影响因素 | 调整方法 |
|---|---|
| 溶剂蒸发罐 NMP 蒸汽温度 | 通过调节溶剂蒸发罐液位控制阀的开度,控制溶剂蒸发罐温度,开大,温度上升;关小,温度下降 |
| 溶剂加热器 NMP 出口温度 | 通过调节溶剂加热器温度控制阀的开度,控制溶剂加热器温度,开大,温度上升;关小,温度下降 |
| 低压蒸汽压力、温度 | 低压蒸汽压力、温度下降,真空解吸塔温度下降;低压蒸汽压力、温度上升,真空解吸塔温度上升 |

异常处理:

| 异常情况 | 原因 | 处理方法 |
|---|---|---|
| 温度偏高 | 蒸汽阀门开度过大 | 关小,减小蒸汽量 |
| | 溶剂加热器 NMP 出口温度偏高 | 关小溶剂加热器温度控制阀 |
| | 蒸汽阀故障 | 联系仪表处理 |
| | 低压蒸汽压力、温度都上涨 | 联系调度降低低压蒸汽压力和温度 |
| 温度偏低 | 蒸汽阀门开度过小 | 开大,增大蒸汽量 |
| | 溶剂蒸发罐 NMP 蒸汽温度偏低 | 开大蒸汽控制阀 |
| | 溶剂加热器 NMP 出口温度偏低 | 开大溶剂加热器温度控制阀 |
| | 蒸汽阀故障 | 联系仪表处理 |
| | 低压蒸汽压力、温度都下降 | 联系调度提高低压蒸汽压力和温度 |
| | 蒸汽冷凝液疏水阀故障 | 检查疏水阀疏水情况并维修 |

## 四、溶剂处理岗位主要控制回路

### 1. 溶剂蒸发罐液位

相关参数:溶剂蒸发罐侧线采出流量、溶剂蒸发罐温度。

控制方式：溶剂蒸发罐液位控制器是分程控制。通过设定值与过程值比较输出信号，同时控制溶剂蒸发罐两个液位，当控制器的输出为0～50％时，蒸汽阀门A输出开度为0～100％；当控制器输出为50％～100％时或溶剂蒸发罐报警开关高报触发时，高级炔汽提塔至溶剂蒸发罐NMP切换至真空解吸塔，溶剂蒸发罐-01B输出开度为0～100％，高级炔汽提塔液位控制阀关闭。

正常调整：

| 影响因素 | 调整方法 |
| --- | --- |
| 溶剂蒸发器蒸汽流量 | 通过调整液位阀门开度,减少或增加蒸汽量控制溶剂蒸发罐闪蒸温度,从而实现液位控制的作用,关小,液位升高,开大,液位下降 |
| 真空解吸塔塔压 | 通过调节高级炔压缩机、真空压缩机抽吸量及洗涤冷凝塔塔顶的温度来调节,开大高级炔压缩机入口阀,NMP系统水含量降低,真空解吸塔塔压下降 |

异常处理：

| 异常情况 | 原因 | 处理方法 |
| --- | --- | --- |
| 溶剂蒸发罐液位过高 | 溶剂蒸发罐采出阀开度过小 | 开大蒸发罐采出阀 |
| | 低压蒸汽的压力和温度过低 | 联系调度调整低压蒸汽的压力和温度 |
| | 系统水含量偏高,真空解吸塔塔压偏高 | 降低NMP系统中的水含量,降低真空解吸塔塔压 |
| | 换热器管程堵塞 | 切换换热器,并清洗 |
| | 换热器蒸汽冷凝液疏水不畅 | 检查疏水阀及Y型过滤器 |
| | 过滤器堵塞 | 切换过滤器,下线清理 |
| | 溶剂蒸发罐至聚合物浓缩液罐管线堵塞,聚合物浓缩液罐液位上涨缓慢 | 检查管道是否畅通,并疏通 |
| | 阀门故障关闭 | 联系仪表处理 |
| 溶剂蒸发罐液位过低 | 蒸发罐采出阀开度过大 | 关小蒸发罐采出阀 |
| | 低压蒸汽的压力和温度高 | 联系调度调整低压蒸汽的压力和温度 |
| | 蒸发罐采出阀故障开大 | 联系仪表处理 |

## 2. 聚合物浓缩器压力

相关参数：聚合物浓缩器罐顶温度、喷射凝液罐液位、溶剂冷却器温度。

控制方式：通过一二级蒸汽喷射器对聚合物浓缩器抽真空，抽出的NMP蒸气被溶剂冷却器冷凝后流入冷凝溶剂罐。

正常调整：

| 影响因素 | 调整方法 |
| --- | --- |
| 系统密封性 | 检查气密并根据具体情况处理 |
| 低压蒸汽压力 | 联系调度调整低压蒸汽的压力 |
| 蒸汽喷射泵运行情况 | 检查蒸汽喷射器是否运行正常 |

异常处理：

| 异常情况 | 原因 | 处理方法 |
|---|---|---|
| 聚合物浓缩器压力偏高 | 蒸汽喷射泵蒸汽量和冷凝液量不足 | 调整蒸汽喷射泵蒸汽及冷凝液 |
| | 系统气密不合格 | 系统重新气密并处理漏点 |
| | 低压蒸汽压力过低 | 联系调度调节蒸汽的压力 |
| | 换热器溶剂冷凝器泄漏 | 下线溶剂冷凝器换热器,并处理漏点 |
| | 喷射凝液罐液位过低或过高 | 调整喷射凝液罐的液位在正常范围内 |
| | 聚合物浓缩器底部隔板加热蒸汽管道泄漏 | 下线聚合物浓缩器,并处理漏点 |
| | 蒸汽喷射泵喷嘴堵塞 | 清理蒸汽喷射泵喷嘴,确认正常工作 |

# 第六节　主要工艺指标偏离工况调整步骤

部分氧化主要工艺指标偏离工况调整步骤见表 2-1。

表 2-1　部分氧化主要工艺指标偏离工况调整步骤

| 序号 | 名称 | 单位 | 异常状况 | 调整步骤 |
|---|---|---|---|---|
| 1 | 天然气总管压力 | kPa(G) | 压力偏大 | 1. 联系调度和动力降低压力<br>2. 检查裂解炉是否发生 SD2<br>3. 检查确认压力表是否故障,维修处理 |
| | | | 压力偏小 | 1. 联系调度和动力提高压力<br>2. 裂解炉投完氧后及时关闭稀释天然气阀 |
| 2 | 氧气界区内总管压力 | kPa(G) | 压力偏大 | 1. 检查裂解炉是否发生 SD1<br>2. 联系调度和空分降低压力<br>3. 检查确认压力表是否故障,维修处理 |
| | | | 压力偏小 | 1. 联系调度和空分提高压力<br>2. 检查确认压力表是否故障,维修处理 |
| 3 | 工艺天然气流量 | Nm³/h | 流量偏大 | 1. 减小设定值在正常范围内<br>2. 调整氧比在正常范围<br>3. 流量阀故障,裂解炉 SD2 做停车处理 |
| | | | 流量偏小 | 1. 增大设定值在正常范围内<br>2. 调整氧比在正常范围<br>3. 流量阀故障,裂解炉 SD2 停车处理 |
| 4 | 氧气/天然气进料比 | | 氧比偏高 | 1. 天然气压力快速下降,联系调度恢复<br>2. 氧气压力快速升高,联系调度恢复 |
| | | | 氧比偏低 | 1. 天然气压力快速上升,联系调度恢复<br>2. 氧气压力快速下降,联系调度恢复 |
| 5 | 去裂解炉热氧气温度 | ℃ | 温度偏高 | 1. 预热炉燃料天然气量过大,关小燃料阀门<br>2. 温度仪表故障,联系仪表处理 |
| | | | 温度偏低 | 1. 预热炉燃料天然气量过小,开大燃料阀门<br>2. 预热炉燃料气和空气配比不合适,调整空气和燃料气比值在 8:1 左右<br>3. 温度仪表故障,联系仪表处理 |

续表

| 序号 | 名称 | 单位 | 异常状况 | 调整步骤 |
|---|---|---|---|---|
| 6 | 辅氧流量 | Nm³/h | 流量偏大 | 1. 氧气总管压力过高,待降低后可恢复<br>2. 缓慢关小流量计针型阀<br>3. 流量计故障,仿真后,联系维修 |
| | | | 流量偏小 | 1. 氧气总管压力过低,待升高后可恢复<br>2. 缓慢开大流量计针型阀<br>3. 流量计故障,仿真后,联系维修 |
| 7 | 烧嘴板冷却水流量 | m³/h | 流量偏小 | 1. 燃烧室冷却水压送罐压力过低,调整燃烧室冷却水压送罐储罐压力至正常<br>2. 燃烧室冷却水压送罐液位过低,及时检查燃烧室冷却水循环槽至燃烧室冷却水压送罐补液情况,若燃烧室冷却水压送罐液位 3 取 2 报警,则裂解炉 SD2 停车联锁<br>3. 仪表故障及时联系仪表处理 |
| 8 | 单台裂解炉急冷水流量 | m³/h | 流量偏小 | 1. 开大急冷水流量阀<br>2. 现场检查裂解炉急冷水入口蝶阀是否全开<br>3. 检查裂解气急冷水泵是否运行正常<br>4. 阀门或流量计故障,联系仪表处理 |
| | | | 流量偏大 | 1. 关小急冷水流量阀<br>2. 阀门或流量计故障,联系仪表处理 |
| 9 | 扩散道压差 | kPa(G) | 压差偏大 | 1. 检查裂解炉正压侧(上部)引压管是否脱开<br>2. 关小裂解炉正压侧(上部)引压管吹扫气<br>3. 差压表故障,联系仪表处理 |
| | | | 压差偏小 | 1. 检查裂解炉负压侧(下部)引压管是否堵塞<br>2. 关小裂解炉负压侧(下部)引压管吹扫气<br>3. 差压表故障,联系仪表处理 |
| 10 | 急冷水冷却器出口急冷水温度 | ℃ | 温度偏高 | 1. 开大裂解气急冷水冷却器循环水阀<br>2. 循环水温度偏高,联系动力降低温度<br>3. 温度表故障,联系仪表处理 |
| | | | 温度偏低 | 1. 关小裂解气急冷水冷却器循环水阀<br>2. 循环水温度偏低,联系动力提高温度<br>3. 温度表故障,联系仪表处理 |
| 11 | 裂解炉急冷室温度 | ℃ | 温度偏高 | 1. 裂解炉手动刮炭<br>2. 裂解气急冷水冷却器出口温度偏高处理<br>3. 温度表故障,联系仪表处理 |
| | | | 温度偏低 | 1. 裂解气急冷水冷却器出口温度偏低处理<br>2. 温度表故障,联系仪表处理 |
| 12 | 裂解炉氧含量 | % | 氧含量偏高 | 1. 氧表堵塞及时联系仪表清理<br>2. 裂解炉反应不充分,提高预热炉出口温度<br>3. 氧表故障,氧表旁路,联系仪表处理 |
| 13 | 烧嘴板冷却水循环槽液位 | % | 液位偏高 | 1. 泵入口滤网堵塞,切泵后清理滤网<br>2. 液位计故障,与现场核对后仿真维修 |
| | | | 液位偏低 | 1. 打开冷凝液补水阀补充液位<br>2. 液位计故障,与现场核对后仿真维修 |

| 序号 | 名称 | 单位 | 异常状况 | 调整步骤 |
|------|------|------|----------|----------|
| 14 | 烧嘴板冷却水压送罐液位 | % | 液位偏高 | 1. 燃烧室冷却水送罐压力偏低,提高压力<br>2. 燃烧室冷却水送罐补液自控阀故障打开,下线维修<br>3. 液位计故障,与现场核对后仿真维修 |
| | | | 液位偏低 | 1. 燃烧室冷却水送罐压力偏高,降低压力<br>2. 燃烧室冷却水送罐补液自控阀故障关小,下线维修<br>3. 液位计故障,与现场核对后仿真维修 |
| 15 | 烧嘴板冷却水压送罐压力 | kPa(G) | 压力偏高 | 1. 燃烧室冷却水送罐罐顶泄压管口及减压阀故障,维修处理<br>2. 低压氮气压力过高,降低压力<br>3. 燃烧室冷却水送罐液位上涨过快,待缓慢下降后恢复<br>4. 压力表故障,维修处理 |
| | | | 压力偏低 | 1. 燃烧室冷却水送罐罐顶泄压管口及减压阀故障,维修处理<br>2. 1.0MPa氮气压力过低,提高压力<br>3. 燃烧室冷却水送罐液位下降过快,待缓慢上升后恢复<br>4. 压力表故障,维修处理 |
| 16 | 烧嘴板冷却水上水温度 | ℃ | 温度偏高 | 1. 开大燃烧室冷却水冷却器循环水阀<br>2. 循环水温度偏高,联系动力降低温度<br>3. 温度表故障,联系仪表处理 |
| | | | 温度偏低 | 1. 关小燃烧室冷却水冷却器循环水阀<br>2. 循环水温度偏低,联系动力提高温度<br>3. 温度表故障,联系仪表处理 |
| 17 | 浓密机顶部溢流水炭黑含量 | mg/L | 含量偏高 | 1. 减小浓密机炭黑处理量<br>2. 加强炭黑操作 |
| 18 | 裂解气洗涤塔急冷水 pH | | pH 偏高 | 关小裂解气洗涤塔碱液阀 |
| | | | pH 偏低 | 开大裂解气洗涤塔碱液阀 |
| 19 | 裂解气总管压力 | kPa(G) | 压力偏高 | 1. 压力表堵塞,联系仪表清理<br>2. 压缩机入口滤网堵塞,停机清理<br>3. 压缩机循环阀开度过大,现场核对循环阀开度,关小循环阀 |
| | | | 压力偏低 | 1. 压力表堵塞,联系仪表清理<br>2. 压缩机循环阀开度过小,现场核对循环阀开度,开大循环阀 |
| 20 | 裂解气压缩机一段出口压力 | kPa(G) | 压力偏高 | 1. 二段入口滤网堵塞,用冷凝液冲洗滤网或停机处理<br>2. 压力表堵塞,联系仪表清理 |
| | | | 压力偏低 | 1. 一段循环阀开度过大,与现场核对开度<br>2. 压力表堵塞,联系仪表清理 |
| 21 | 裂解气压缩机一段出口温度 | ℃ | 温度过高 | 1. 开大压缩机喷淋冷却水<br>2. 降低压缩工艺水换热器出口温度<br>3. 温度仪表故障,维修 |
| | | | 温度过低 | 1. 关小大压缩机喷淋冷却水<br>2. 提高压缩工艺水换热器出口温度<br>3. 温度仪表故障,维修 |

续表

| 序号 | 名称 | 单位 | 异常状况 | 调整步骤 |
|---|---|---|---|---|
| 22 | 裂解气压缩机二段出口压力 | kPa(G) | 压力偏高 | 1. 压力表堵塞,联系仪表清理<br>2. 二段压缩冷却塔堵塞,停机维修 |
| | | | 压力偏低 | 1. 二段循环阀开度过大,与现场核对开度<br>2. 压力表堵塞,联系仪表清理 |
| 23 | 裂解气压缩机二段出口温度 | ℃ | 温度过高 | 1. 开大压缩机喷淋冷却水<br>2. 降低压缩工艺水换热器出口温度 |
| | | | 温度过低 | 1. 关小大压缩机喷淋冷却水<br>2. 提高压缩工艺水换热器出口温度 |
| 24 | 裂解气压缩机油站压差 | kPa(G) | 压差偏高 | 1. 润滑油杂质偏高,进行过滤<br>2. 切换备用过滤器 |
| 25 | 一段压缩冷却塔塔顶温度 | ℃ | 温度偏高 | 1. 开大一段冷却水冷却器循环水阀和二段冷却水冷却器循环水阀<br>2. 循环水温度偏高,联系动力降低温度<br>3. 温度表故障,联系仪表处理 |
| | | | 温度偏低 | 1. 关小一段冷却水冷却器循环水阀和二段冷却水冷却器循环水阀<br>2. 循环水温度偏低,联系动力提高温度<br>3. 温度表故障,联系仪表处理 |
| 26 | 二段压缩冷却塔塔顶温度 | ℃ | 温度偏高 | 1. 开大一段冷却水冷却器循环水阀<br>2. 循环水温度偏高,联系动力降低温度<br>3. 温度表故障,联系仪表处理 |
| | | | 温度偏低 | 1. 关小一段冷却水冷却器循环水阀<br>2. 循环水温度偏低,联系动力提高温度<br>3. 温度表故障,联系仪表处理 |
| 27 | 一段压缩冷却塔冷却水流量 | m³/h | 流量偏低 | 1. 一段冷却水增压泵泵入口滤网堵塞,切泵清理滤网<br>2. 一段压缩冷却塔流量阀开度过小,开大阀门 |
| | | | 流量偏大 | 一段压缩冷却塔流量阀开度过大,关小阀门 |
| 28 | 二段压缩冷却塔流量 | m³/h | 流量偏低 | 1. 一段冷却水增压泵泵入口滤网堵塞,切泵清理滤网<br>2. 二段压缩冷却塔流量阀开度过小,开大阀门 |
| | | | 流量偏大 | 二段压缩冷却塔流量阀开度过大,关小阀门 |
| 29 | 一段压缩冷却排至裂解气洗涤塔炭黑水流量 | m³/h | 流量偏低 | 1. 二段压缩冷却塔气出带水,检查处理<br>2. 打开一段压缩冷却塔补充水,压缩冷却水系统置换 |
| 30 | 中压蒸汽压力 | MPa(G) | 压力偏低 | 1. 联系调度调整压力<br>2. 当压力持续下降,汽轮机主气门开度开大时,做停机准备 |
| | | | 压力偏高 | 联系调度调整压力 |

提浓主要工艺指标偏离工况调整步骤见表 2-2。

表 2-2  提浓主要工艺指标偏离工况调整步骤

| 序号 | 项目 | 单位 | 异常情况 | 调整步骤 |
|---|---|---|---|---|
| 1 | NMP 温度 | ℃ | 温度过高 | 1. 氨制冷压缩机增载<br>2. 提高 NMP 冷却器液位<br>3. 降低溶剂冷却器出口温度<br>4. 联系调度降低循环水温度 |
| | | | 温度过低 | 1. 氨制冷压缩机减载<br>2. 降低 NMP 冷却器液位<br>3. 升高溶剂冷却器出口温度<br>4. 联系调度升高循环水温度 |
| 2 | 进入预洗塔溶剂流量 | m³/h | 流量偏大 | 1. 关小预洗塔 NMP 流量阀<br>2. 若仪表故障,联系仪表检修 |
| | | | 流量偏小 | 1. 开大预洗塔 NMP 流量阀<br>2. 若仪表故障,联系仪表检修 |
| 3 | 预洗塔塔底 NMP 中水含量 | % | 水含量偏大 | 1. 检查氧化压缩工艺水系统是哪个系列带水严重<br>2. 加大一段压缩冷却塔冷凝液置换量 |
| 4 | 进入主洗塔溶剂流量 | m³/h | 流量偏大 | 1. 关小主洗塔 NMP 流量阀<br>2. 若仪表故障,联系仪表检修 |
| | | | 流量偏小 | 1. 开大主洗塔 NMP 流量阀<br>2. 若仪表故障,联系仪表检修 |
| 5 | 提浓高压系统压力 | kPa(G) | 压力偏高 | 打开尾气洗涤塔压力控制阀 |
| | | | 压力偏低 | 关小尾气洗涤塔压力控制阀 |
| 6 | 乙炔洗涤塔塔顶压力 | kPa(G) | 压力过高 | 1. 压力控制阀故障,协调调度后及时联系仪表<br>2. 当压力达到 140kPa(A) 时,通过乙炔安全液封罐泄压排放至火炬<br>3. 压力表上冻或堵塞,联系仪表处理 |
| | | | 压力过低 | 1. 压力控制阀故障,协调调度后及时联系仪表<br>2. 压力表上冻或堵塞,联系仪表处理 |
| 7 | 合成气中乙炔含量 | ×10⁻⁶ | 偏高 | 1. 降低 NMP 温度<br>2. 开大主洗塔 NMP 流量,增大循环量<br>3. 降低 NMP 中的水含量<br>4. 手动分析合成气中乙炔含量,并核对数值,若不符,联系仪表人员维修仪表 |
| 8 | 乙炔中二氧化碳含量 | ×10⁻⁶ | 偏高 | 1. 开大循环气流量阀,增大循环量<br>2. 关小裂解气压缩机一二段循环阀<br>3. 提高乙炔洗涤塔压力 |
| 9 | 气柜乙炔液位 | % | 液位过高 | 1. 联系调度给下游车间多供乙炔,通过关小乙炔压缩机循环阀,增加乙炔外送量<br>2. 检查乙炔压缩机加压送至净化工序是否存在憋压现象,阻解器及时排水<br>3. 当液位持续升高至 80% 时,乙炔可通过手动操作火炬系统排放,当液位达到 90% 时,通过联锁关闭气柜入口自控阀并打开火炬阀自控放空 |
| | | | 液位过低 | 1. 联系调度下游车间乙炔减量,通过开大乙炔压缩机循环阀,减少乙炔外送量<br>2. 当液位持续下降至 20% 时,通过联锁自动停一台乙炔压缩机,液位持续下降至 10% 时,联锁停另外一台乙炔压缩机,停送乙炔 |

| 序号 | 项目 | 单位 | 异常情况 | 调整步骤 |
|---|---|---|---|---|
| 10 | 气柜水封液位 | % | 偏高 | 关小冷凝液阀,降低冷凝液量 |
| | | | 偏低 | 开大冷凝液阀,增大冷凝液量 |
| 11 | 气柜入口压力 | kPa(G) | 压力过低 | 1. 检查气柜入口排液至凝液收集罐阀门是否打开<br>2. 检查凝液收集罐液位是否正常<br>3. 检查乙炔阻解器是否积水<br>4. 当压力降至1.5kPa时通过SIS联锁关闭气柜入口自控阀,当压力持续下降至0.5kPa时通过SIS联锁打开气柜入口的快速补氮气自控阀,给气柜补氮气,防止气柜吸扁,吸入空气。当压力通过补氮气达到1.5kPa时,补氮气阀关闭<br>5. 压力表故障,压力表仿真,联系仪表维修 |
| | | | 压力过高 | 1. 当压力达到报警值时,联锁关闭气柜入口自控阀<br>2. 压力表故障,压力表仿真,联系仪表维修 |
| 12 | 乙炔压缩机出口压力 | kPa(A) | 压力过高 | 1. 开大循环阀乙炔压缩机循环阀<br>2. 压缩机出口阻解器、管道排水<br>3. 联系VCM加负荷 |
| | | | 压力过低 | 1. 关小循环阀乙炔压缩机循环阀<br>2. 联系VCM减负荷 |
| 13 | 一级酸洗塔循环酸浓度 | % | 浓度偏低 | 将废酸排至酸回收车间,并补新酸 |
| 14 | 浓硫酸储槽精乙炔纯度 | % | 纯度偏低 | 1. 增大循环碱流量<br>2. 增大循环酸流量 |
| 15 | 净化废水pH | | pH偏高 | 碱洗塔碱液排放量过大,减小排放量并进行中和 |
| | | | pH偏低 | 净化硫酸泄漏,检查处理 |
| 16 | 真空解吸塔塔压 | kPa(A) | 压力过高 | 1. 开大高级炔压缩机入口阀,增大抽吸量<br>2. 开大真空压缩机入口阀,增大抽吸量<br>3. 开大高级炔吸水冷却器温度控制阀,降低冷凝水混合液罐气出温度<br>4. 溶剂加热器出口温度偏低 |
| | | | 压力过低 | 1. 关小高级炔压缩机入口阀,降低抽吸量<br>2. 关小真空压缩机入口阀,降低抽吸量<br>3. 关小高级炔吸水冷却器温度控制阀,升高冷凝水混合液罐气出温度<br>4. 开大循环阀阀门 |
| 17 | 真空解吸塔水含量 | % | 偏高 | 1. 关小循环阀<br>2. 开大高级炔吸水冷却器温度控制阀,降低冷凝水混合液罐气出温度 |
| 18 | 溶剂加热器出口温度 | ℃ | 偏高 | 关小蒸汽阀 |
| | | | 偏低 | 1. 开大蒸汽阀<br>2. 切换清洗溶剂换热器 |
| 19 | 高级炔汽提塔气出温度 | ℃ | 偏高 | 1. 增大高级炔压缩机抽吸量<br>2. 降低冷凝水混合液罐温度 |

| 序号 | 项目 | 单位 | 异常情况 | 调整步骤 |
|---|---|---|---|---|
| 20 | 洗涤冷凝塔塔顶温度 | ℃ | 偏高 | 开大高级炔吸水冷却器温度控制阀 |
| | | | 偏低 | 关小高级炔吸水冷却器温度控制阀 |
| 21 | 高级炔洗水冷却器出口压力 | kPa(G) | 偏低 | 切换清洗高级炔洗水冷却器、高级炔洗水过滤器、冷凝水混合液泵入口滤网 |
| 22 | 冷凝水混合液罐pH值 | | 偏高 | 加大置换量,减小碱液补充量 |
| | | | 偏低 | 增加碱液补入量 |
| 23 | 洗涤冷却塔高级炔出口温度 | ℃ | 偏高 | 开大冷水喷淋水 |
| | | | 偏低 | 开大热水喷淋水 |
| 24 | 溶剂蒸发罐聚合物浓度 | % | 偏高 | 开大侧线采出阀,加大溶剂蒸发罐置换量 |
| 25 | 溶剂蒸发罐气出温度 | ℃ | 偏高 | 1. 降低真空解吸塔塔压,增加高级炔压缩机抽吸量<br>2. 关小蒸汽流量阀,减少蒸发量 |
| | | | 偏低 | 开大蒸汽流量阀,增大蒸发量 |
| 26 | 聚合物浓缩器蒸发压力 | kPa(A) | 偏高 | 1. 检查并开大蒸汽喷射泵蒸汽阀门<br>2. 检查并调整蒸汽喷射泵冷凝液阀<br>3. 检查确认聚合物浓缩器气密合格<br>4. 检查确认溶剂冷凝器至聚合物浓缩器阀门已打开 |
| 27 | 氨制冷压缩机油温 | ℃ | 偏高 | 开大油冷却器循环回水阀门 |
| | | | 偏低 | 1. 关小油冷却器循环回水阀门<br>2. 检查确认并降低液氨分离器液位 |
| 28 | NMP冷却器溶剂出口温度 | ℃ | 温度过高 | 1. 氨制冷压缩机增载<br>2. 提高NMP冷却器液位<br>3. 降低溶剂冷却器出口温度<br>4. 联系调度降低循环水温度 |
| | | | 温度过低 | 1. 氨制冷压缩机减载<br>2. 降低NMP冷却器液位<br>3. 升高溶剂冷却器出口温度<br>4. 联系调度升高循环水温度 |
| 29 | 蒸汽饱和器入口压力 | kPa(G) | 压力偏高 | 联系调度查明原因,并进行调整 |
| | | | 压力偏低 | |
| 30 | 中压氮供应压力 | kPa(G) | 压力偏低 | 联系调度查明原因,并进行调整 |
| 31 | 低压氮供应压力 | kPa(G) | 压力偏低 | 联系调度查明原因,并进行调整 |
| 32 | 循环水上水温度 | ℃ | 偏高 | 联系调度动力启动风机 |
| | | | 偏低 | 联系调度动力停运风机 |
| 33 | 循环水上水压力 | kPa(G) | 偏高 | 联系调度查明原因,并进行调整 |
| | | | 偏低 | |
| 34 | 脱盐水压力 | kPa(G) | 偏高 | 联系调度查明原因,并进行调整 |
| | | | 偏低 | |
| 35 | 仪表空气压力 | kPa(G) | 偏高 | 联系调度查明原因,并进行调整 |
| | | | 偏低 | |

# 第三章　应急操作规程

## 第一节　装置紧急停车操作

如果装置需要立即紧急停车，车间主任或值长通过辅操台的急停按钮，可实现装置的紧急停车。

### 一、氧化工段

① 值长联系调度，装置准备紧急停车，动力车间及时调整天然气压力。

② 值长在辅操台上逐台按下急停按钮裂解炉 SD2，主操注意监控天然气压力，保持和动力联系调整天然气压力。

③ 在停裂解炉的同时，裂解气压缩机 A/B 甩负荷，开大一二级循环阀，直至开至 100%。

④ 值长在辅操台上按下裂解气压缩机 A/B 急停按钮。

### 二、提浓工段

① 主操根据氧化裂解炉停炉情况，及时联系下游车间，乙炔气和合成气紧急停送。

② 主操关闭尾气洗涤塔产品阀，合成气切火炬。

③ 主操开大乙炔火炬阀，关闭乙炔产品阀，乙炔压缩机 A/B/C 甩负荷准备停机。

④ 关闭乙炔外送阀，停止向下游输送乙炔。

⑤ 值长在辅操台上按下乙炔阻解器到乙炔气柜的急停按钮。

⑥ 现场紧急停预洗液循环泵 A/B，乙炔压缩机 A/B/C，关闭预洗溶剂加热器的热冷凝液手阀。

⑦ 待真空压缩机、高级炔压缩机停止后，主操及时关闭各洗涤塔尾气洗涤塔、循环气洗涤塔、乙炔洗涤塔冷凝液。

⑧ 待所有溶剂泵停止后，主操关闭主洗塔溶剂流量阀和逆流解吸塔流量阀。

⑨ 主操打开氮气补压阀，给高压系统补充氮气并进行置换。

⑩ 现场打开逆流解吸塔塔底氮气管道手阀，给低压系统通氮气并进行置换。

⑪ 主操打开净化系统大气补压阀，给净化系统通氮气并从火炬放空置换。

## 三、溶剂再生工段

① 值长在辅操台上按下真空压缩机 A/B 急停按钮。

② 主操关小溶剂加热器、真空解吸再沸器、溶剂蒸发器、高级炔汽提再沸器蒸汽自控阀。

③ 值长在辅操台上按下高级炔压缩机 A/B 急停按钮。

④ 待预洗液循环泵泵停之后，停止高级炔汽提液循环泵。

⑤ 主操关闭高级炔洗涤塔冷凝液自控阀。

⑥ 主操关闭高级炔压缩机入口稀释天然气阀，关闭解吸气切断阀。

⑦ 主操关闭溶剂加热器、真空解吸再沸器、溶剂蒸发器、高级炔汽提再沸器蒸汽自控阀。

⑧ 值长在辅操台上按下溶剂泵停车按钮、溶剂泵 A/B/C、逆流解吸液泵 A/B、再生溶剂泵 A/B 停车。

⑨ 主操及时关闭真空解吸塔溶剂流量阀。

⑩ 现场打开真空解吸再沸器、溶剂加热器、高级炔汽提再沸器、溶剂蒸发器换热器壳程侧放空，防止温度过低，壳程侧形成真空损坏换热器。

⑪ 主操打开真空系统氮气补压阀，给真空系统通氮气并保持正压。

# 第二节　低压氮气系统停供应急操作

当低压氮气停送后，DCS 压力表快速下降，联锁关闭界区阀，若压力持续降低，真空压缩机、高级炔压缩机、裂解气压缩机会由于氮气隔离气压力持续降低联锁停机，装置应做以下应急处理。

## 一、部分氧化工段

① 立即通知调度，低压氮气压力下降快，装置做紧急停车处理。

② 待裂解气压缩机由于氮气隔离气压力联锁停机后，确认裂解气洗涤塔 A/B 火炬阀打开。

③ 值长联系调度，查看氮气恢复情况，若不能恢复，裂解炉手动触发 SD2。

④ 注意监控天然气压力。

## 二、提浓工段

① 值长联系调度合成气和乙炔气停送。

② 主操关闭尾气洗涤塔外送阀，合成气切火炬。

③ 主操开大乙炔火炬阀，关闭乙炔产品阀。

④ 主操关闭乙炔外送阀，开大乙炔压缩机循环阀，停止向下游输送乙炔。

⑤ 主操及时关闭各洗涤塔尾气洗涤塔、循环气洗涤塔、乙炔洗涤塔冷凝液。

⑥ 值长在辅操台上按下乙炔阻解器至乙炔气柜急停按钮。

⑦ 现场停预洗液循环泵 A/B，关闭预洗溶剂加热器热冷凝液手阀。

⑧ 主操及时关闭各洗涤塔尾气洗涤塔、循环气洗涤塔、乙炔洗涤塔冷凝液。

⑨ 待所有溶剂泵停止后，主操关闭主洗塔液位阀、逆流解吸塔流量阀。

## 三、溶剂再生、处理工段

① 外操立即打开中压氮气建压至 0.6MPa（G）氮气手阀。

② 待真空压缩机、高级炔压缩机联锁停机后，主操关闭溶剂加热器、真空解吸再沸器、溶剂蒸发器、高级炔汽提再沸器蒸汽阀；关闭高级炔洗涤塔冷凝液。

③ 待预洗液循环泵泵停之后，停止高级炔汽提液循环泵。

④ 主操关闭高级炔压缩机入口稀释天然气阀，关闭解吸气切断阀。

⑤ 值长在辅操台上按下溶剂泵停车按钮，溶剂泵 A/B/C、逆流解吸液泵 A/B、再生溶剂泵 A/B 停车。

⑥ 主操及时关闭真空解吸塔液位控制阀。

⑦ 现场打开真空解吸再沸器、溶剂加热器、高级炔汽提再沸器、溶剂蒸发器换热器壳程侧放空，防止温度过低，壳程侧形成真空损坏换热器。

# 第三节　中压氮气停供应急操作

当中压氮气停送后，DCS 显示的中压氮气管道压力表快速下降，联锁关闭氮气进料阀，打开氮气放空阀，若压力持续降低，压力低低联锁触发裂解炉 SD2，装置应做以下应急处理。

## 一、氧化工段

① 立即联系调度，中压氮气压力下降过快，装置紧急停车。

② 若中压氮气压力持续下降接近 1.8MPa（G），裂解炉手动 SD2。

③ 联系调度，动力车间及时调整天然气压力，以防超压。

④ 开大裂解气压缩机一、二段循环阀，压缩机入口补充天然气维持高压系统压力。

## 二、提浓工段

① 值长联系调度合成气和乙炔气停送。

② 主操关闭合成气产品阀，合成气切火炬。

③ 主操开大乙炔火炬阀，关闭乙炔产品阀，乙炔气切火炬。

④ 主操关闭乙炔外送阀，开大乙炔压缩机循环阀，停止向下游输送乙炔。

⑤ 注意监控高压系统压力，不能低于 580kPa（G），若低于 580kPa，及时联系氧

化工段裂解气压缩机入口总管通入天然气，压缩机关小裂解气压缩机一、二段循环阀，压缩机提压后送至高压系统，保证提浓运行正常。

注意：由于中压氮气不足，严禁打开预洗塔氮气阀。

## 三、溶剂再生、处理工段

① 注意监控中压氮气压力，及时和调度联系恢复时间。

② 根据低压系统压力，逆流解吸塔及时补充氮气。

③ 根据真空系统压力，及时打开真空解吸塔氮气补压阀。

# 第四节　中、低压氮气同时停供应急操作

当中低压氮气同时停送后，中压氮气 DCS 显示氮气管道压力表快速下降，联锁关闭氮气进料阀，打开氮气放空阀，若压力持续降低，压力低低联锁触发裂解炉 SD2；低压氮气 DCS 压力表快速下降，联锁关闭低压氮气进料阀，打开低压氮气放空阀，若压力持续降低，真空压缩机、高级炔压缩机、裂解气压缩机会由于氮气隔离气压力持续降低联锁停机，装置由于失去氮气做紧急停车处理。

# 第五节　中压蒸汽停供应急操作

中压蒸汽停送后，裂解气压缩机 A/B 汽轮机蒸汽调节阀突然开大；中压蒸汽管网压力下降，最终汽轮机联锁停车，装置应做以下应急处理。

① 及时联系调度，中压蒸汽压力下降，裂解气压缩机 A/B 做停车处理。

② 若停止一台裂解气压缩机 A/B，中压蒸汽压力持续下降，则手动停另外一台。

③ 装置按裂解气压缩机 A/B 两台都停止运行进行应急处理。

# 第六节　仪表空气停供应急操作

仪表空气停送后，DCS 显示仪表气管道压力表快速下降，装置自控阀由于气源压力不足，最终根据 FO/FC 形式全开/全关，装置联锁停车，做以下应急处理。

## 一、氧化工段

① 及时联系调度，查明原因。

② 裂解炉由于原料氧气和天然气自控阀气源压力降低后联锁触发 SD2。

③ 烧嘴板冷却水系统燃烧室冷却水压送罐液位控制阀故障关闭，燃烧室冷却水压送罐切断阀故障限位至 30％左右。

④ 外操及时缓慢打开燃烧室冷却水压送罐液位控制阀旁路手阀，并确认燃烧室冷却水压送罐切断阀阀门开度为 30％。

⑤ 由于裂解气压缩机一、二段循环阀故障全开，入口阀、出口阀故障关，裂解气压缩机 A/B 自身循环。

## 二、提浓工段

① 及时联系调度乙炔气、合成气停送。

② 由于自控阀气源压力下降，所有产品阀联锁关闭，火炬阀联锁打开。

③ 真空压缩机/高级炔压缩机/乙炔压缩机入口自控阀和出口自控阀由于气源压力不足，导致压缩机入口压力和出口压力联锁停车。

④ 中控及时按下副操台溶剂泵紧急停车按钮。

⑤ 当各溶剂蒸汽换热器自控阀门关闭后，打开各蒸汽换热器高点放空。

⑥ 按下辅操台溶剂泵停车按钮。

⑦ 各洗涤塔冷凝液自控阀自控联锁关闭。

⑧ 现场停止预洗液循环泵、高级炔汽提液循环泵。

# 第七节　循环水停供应急操作

循环水停送后，DCS 显示循环水管道压力表快速下降，各系统温度上升装置按紧急停车处理。

## 一、氧化工段

① 值长联系调度，装置准备紧急停车，动力车间及时调整天然气压力。

② 值长在辅操台上逐台按下急停按钮裂解炉 SD2，主操注意监控天然气压力，保持和动力联系调整天然气压力。

③ 在停裂解炉的同时，裂解气压缩机 A/B 甩负荷，开大一、二级循环阀，直至开至 100％。

④ 值长在辅操台上按下裂解气压缩机 A/B 急停按钮。

## 二、提浓工段

① 主操根据氧化裂解炉停炉情况，及时联系下游车间，乙炔气和合成气紧急停送。

② 主操关闭尾气洗涤塔产品阀，合成气切火炬。

③ 主操开大乙炔火炬阀，关闭乙炔产品阀，乙炔压缩机 A/B/C 甩负荷准备停机。

④ 关闭乙炔净化产品阀，停止向下游输送乙炔。

⑤ 值长在辅操台上按下乙炔阻解器至乙炔气柜急停按钮。

⑥ 现场紧急停预洗液循环泵 A/B，乙炔压缩机 A/B/C，关闭预洗溶剂加热器热冷凝液手阀。

⑦ 待真空压缩机、高级炔压缩机停止后，主操及时关闭各洗涤塔尾气洗涤塔、循环气洗涤塔、乙炔洗涤塔冷凝液。

⑧ 待所有溶剂泵停止后，主操关闭主洗塔液位控制阀、逆流解吸塔液位控制阀。

⑨ 主操打开预洗塔氮气补压阀，给高压系统补充氮气并进行置换。

⑩ 现场打开逆流解吸塔塔底氮气管道手阀，给低压系统通氮气并进行置换。

⑪ 主操打开净化系统氮气补压阀，给净化系统通氮气并从火炬放空置换。

## 三、溶剂再生工段

① 值长在辅操台上按下真空压缩机 A/B 急停按钮。

② 主操关小溶剂加热器、真空解吸再沸器、溶剂蒸发器、高级炔汽提再沸器蒸汽自控阀。

③ 值长在辅操台上按下高级炔压缩机 A/B 急停按钮。

④ 待预洗液循环泵泵停之后，停止高级炔汽提液循环泵。

⑤ 主操关闭高级炔洗涤塔冷凝液自控阀。

⑥ 主操关闭高级炔压缩机入口稀释天然气阀，关闭解吸气切断阀。

⑦ 主操关闭溶剂加热器、真空解吸再沸器、溶剂蒸发器、高级炔汽提再沸器蒸汽自控阀。

⑧ 值长在辅操台上按下溶剂泵停车按钮，溶剂泵 A/B/C、逆流解吸液泵 A/B、再生溶剂泵 A/B 停车。

⑨ 主操及时关闭真空解吸塔液位控制阀。

⑩ 现场打开真空解吸再沸器、溶剂加热器、高级炔汽提再沸器、溶剂蒸发器换热器壳程侧放空，防止温度过低，壳程侧形成真空损坏换热器。

# 第八节　脱盐水停供应急操作

当脱盐水停送后，DCS 显示脱盐水管道压力表快速下降，装置做以下应急处理。

## 一、氧化工段

① 及时关闭裂解气压缩机 A/B 凝汽器脱盐水手阀。

② 从凝结水泵出口接临时软管至水站，及时给水站补液。

③ 关闭一段压缩冷却塔 A/B 冷凝液自控阀。

④ 关小裂解气泄放分离罐 A/B 的 8 个 U 型液封。

⑤ 关闭裂解气压缩机入口滤网洗涤水阀门。

## 二、提浓工段

① 关小各洗涤塔冷凝液阀。

② 关小洗涤冷却塔 A/B 洗涤冷凝液自控阀。

③ 外操及时关闭安全液封管冷凝液手阀。

④ 关闭乙炔压缩机 A/B/C 分液罐补液自控阀旁路，并关闭分液罐低排液阀。

## 三、溶剂再生、处理工段

① 外操及时停止溶剂处理工段蒸汽喷射泵，关闭蒸汽和冷凝液。

② 关小洗涤塔冷凝液阀 FV 高级炔洗涤塔-01 阀。

③ 关小洗涤冷却塔 A/B 洗涤冷凝液自控阀。

④ 外操及时关闭安全液封罐冷凝液手阀。

# 第九节　天然气、氧气总管压力下降应急操作

① 当主操发现界区外天然气总管压力迅速下降，低于 400kPa 时，可以在不通知值长、车间领导及调度的情况下，立即将一台裂解炉手动 SD2，如果此后天然气总管压力继续快速下降，可将另一台裂解炉手动 SD2，然后通知值长及主任，并联系调度说明情况。

② 当主操发现氧气压力下降，立即联系调度核实下降原因，若一二期空分有一套跳车，空分一套供应氧气量仅可维持 4 台裂解炉正常运行，主操有权根据运行情况将两台裂解炉手动 SD1，再汇报值班长及值班主任。当氧气压力快速下降 30kPa，主操有权立即将一台裂解炉手动 SD1 并联系调度核实下降原因。若压力持续下降，及时再将另外一台手动 SD1，直至氧气压力缓慢上升。

# 第十节　原料天然气停供应急操作

当天然气停送后，DCS 显示天然气管道压力会快速下降，裂解炉会由于天然气供应不足，触发 SD2 联锁，装置做以下应急处理。

## 一、氧化工段

① 联系调度，查明原因及时恢复。

② 裂解炉依据天然气压力降低情况依次做 SD2 停车处理。

③ 关闭 6 台裂解炉原料天然气手阀和原料氧气手阀。

④ 关闭天然气预热炉稀释蒸汽自控阀，打开导淋疏水。

⑤ 裂解气压缩机自身循环。

## 二、提浓工段

① 确认循环气洗涤塔气出已切换至火炬侧，确保乙炔洗涤塔出口压力稳定的情况下在最短时间内将循环气洗涤塔气出阀关至 5％左右，同时关闭乙炔汽提塔气进阀。

② 通知 VCM 减小乙炔流量至小流量，逐渐开大乙炔压缩机循环阀，同时并密切观察气柜液位。

③ 观察乙炔气在线分析仪显示值，短时间内允许 $CO_2$ 含量超标，当其出现超量程故障后，开始关闭乙炔产品阀，停止向气柜及乙炔压缩机送气，同时打开乙炔火炬阀。

注意：当产品阀全关后，火炬阀最终开度不得低于 50％，以防止系统憋压导致真空压缩机联锁跳车。

④ 观察乙炔洗涤塔出口压力，如下降过快，则关闭循环气洗涤塔气出阀，同时将乙炔洗涤塔压力控制阀切换至手动模式后将其关小或关闭。

⑤ 值长及主操应及时测算气柜液位降低到联锁值的大概时间，并与氧化沟通，掌握恢复送气时间，同时联系 VCM 或调度尽可能继续降低乙炔流量。若经过上述调整后由于裂解气压缩机无法恢复导致气柜液位最终降低至 15％以下，则联系调度通知下游车间切断乙炔供应。

⑥ 长时间无法恢复则根据实际情况打开高压系统、低压系统、真空系统的氮气补压阀进行补压，提浓工段进入氮气运行模式。

# 第四章　基础操作

## 第一节　离心泵的开、停与切换操作

### 一、开泵

初始状态：

(P)-泵处于有工艺介质状态；

(P)-确认联轴器安装完毕；

(P)-确认防护罩安装好；

(P)-泵的机械、仪表、电气确认完毕；

(P)-泵盘车均匀灵活；

(P)-泵的入口过滤器干净并安装好；

(P)-确认冷却水引至泵前；

(P)-确认轴承箱油位正常；

(P)-确认泵的入口阀开启；

(P)-确认泵的出口阀关闭；

(P)-确认泵的电动机开关处于关或停止状态。

#### 1. 离心泵开泵准备

(P)-确认压力表安装好；

[P]-投用压力表。

投用冷却水：

[P]-打开冷却水给水阀和回水阀（轴承箱、填料箱、泵体、油冷却器）；

(P)-确认回水畅通；

[P]-建立密封液系统。

#### 2. 离心泵灌泵

[P]-打开泵放空阀排气；

(P)-确认排气完毕；

[P]-关闭泵放空阀；

[P]-盘车；

(M)-确认泵具备启动条件。

### 3. 离心泵启泵

[P]-盘车均匀灵活；

(P)-确认电动机送电，具备开机条件；

[P]-与相关岗位操作员联系；

(P)-确认泵出口阀关闭；

[P]-启动电动机；

[P]-如果出现下列情况立即停泵：

●异常泄漏●振动异常●异味●异常声响●火花●烟气●电流持续超高

(P)-确认泵出口达到启动压力且稳定；

(P)-确认出口压力、电机电流在正常范围内；

[P]-与相关岗位操作员联系；

[P]-调整泵的出口阀。

### 4. 启动后的调整和确认

（1）泵

(P)-确认泵的振动正常；

(P)-确认轴承温度正常；

(P)-确认润滑油液面正常；

(P)-确认润滑油的温度、压力正常；

(P)-确认无泄漏；

(P)-确认密封液正常；

(P)-确认冷却水正常。

（2）电机

(P)-电机振动声响无异常；

(P)-电流表指示正常稳定；

(P)-各温度点正常；

(P)-润滑油脂正常。

（3）工艺系统

(P)-确认泵入口压力稳定；

(P)-确认泵出口压力稳定。

（4）补充操作

[P]-将放空阀关严或加丝堵。

最终状态：

(P)-泵入口阀全开；

(P)-泵出口阀开；

(P)-单向阀的旁路阀关闭；

(P)-泵出口压力在正常稳定状态；

（P）-动静密封点无泄漏。

## 二、停泵

用电机驱动的泵：常温泵、高温泵。

初始状态：

（P）-泵入口阀全开；

（P）-泵出口阀开；

（P）-放空阀关闭；

（P）-泵在运转。

### 1. 停泵

［P］-关闭泵出口阀；

［P］-立即停电动机；

［P］-盘车；

（P）-确认泵入口阀全开。

### 2. 热备用

（P）-确认冷却水投用正常；

［P］-确认备用泵预热旁路全开；

［P］-需要投自启的泵投自启。

### 3. 冷备用

（1）停冷却水

［P］-停用冷却水。

（2）隔离

［P］-关闭泵入口阀；

［P］-关闭泵出口阀。

（3）排空

［P］-打开放空阀；

（P）-确认泵内液体排干净。

### 4. 交付检修

［P］-出入口阀关闭；

（P）-确认放空阀开。

最终状态：

（P）-确认泵已与系统完全隔离；

（P）-确认泵已排干净，放空阀打开；

（P）-确认电机断电。

C级 辅助说明：

不论是热介质还是冷介质，都要随时密切关注泵的排空情况。

泵附近准备好以下设施：

●消防水带●蒸汽●灭火器

# 三、正常切换

初始状态确认：

（1）运行泵

（P)-泵入口阀全开；

（P)-泵出口阀开；

（P)-单向阀的旁路阀关闭；

（P)-放空阀关闭；

（P)-泵出口压力在正常稳定状态。

（2）备用泵

（P)-泵入口阀全开；

（P)-泵出口阀关闭；

（P)-辅助系统投用正常；

（P)-泵预热（热油泵）；

（P)-电机送电。

## 1. 启动备用泵（不带负荷）

[P]-与相关岗位操作员联系准备启泵；

[P]-备用泵盘车；

[P]-启动备用泵电动机；

[P]-如果出现下列情况立即停止启动泵：

●异常泄漏●振动异常●异味●异常声响●火花●烟气●电流持续超高

（P)-确认泵出口达到启动压力且稳定。

## 2. 切换

[P]-逐渐关小运转泵的出口阀；

（P)-确认运转泵出口阀全关；

[P]-停运转泵电动机；

（P)-确认备用泵压力，电动机电流在正常范围内；

[P]-调整泵的排量。

## 3. 切换后的调整和确认

（1）运转泵

（P)-确认泵的振动正常；

（P)-确认轴承温度正常；

（P)-确认润滑油液面正常；

（P)-确认润滑油的温度、压力正常；

（P)-确认无泄漏；

（P)-确认密封液正常；

（P)-确认冷却水正常；

（P)-确认电动机的电流正常；

（P)-确认泵入口压力稳定；

（P)-确认泵出口压力稳定；

［P]-将放空阀关严或加丝堵。

（2）停用泵

a. 热备用

（P)-确认冷却水投用正常；

［P]-泵预热；

［P]-冬季打开备用泵防冻旁路管线；

［P]-需要投用自启的泵 DCS 与现场均投自启，确认现场自启泵进出口阀全开。

b. 冷备用

［P]-停用冷却水；

［P]-关闭泵入口阀；

［P]-关闭泵出口阀；

［P]-打开放空阀；

（P)-确认泵排干净。

# 四、离心泵操作技术

## 1. 离心泵的日常检查与维护

（1）泵及辅助系统

a. 检查泵有无异常振动；

b. 检查轴承温度是否正常；

c. 检查润滑油油质是否合格；

d. 检查泄漏是否符合要求；

e. 检查密封液是否正常；

f. 检查密封的冷却是否正常；

g. 检查冷却水是否正常。

（2）动力设备

检查电机的运行是否正常。

（3）工艺系统

a. 检查泵入口压力是否正常稳定；

b. 检查泵出口压力是否正常稳定。

（4）其他

a. 备用泵按规定盘车；

b. 冬季注意防冻凝检查。

## 2. 常见问题处理

（1）离心泵抽空的现象、原因及处理

① 现象

a. 机泵出口压力表读数大幅度变化，电流表读数波动；

b. 泵体及管线内有噼啪作响的声音；

c. 泵出口流量减小许多，大幅度变化。

② 原因

a. 泵吸入管线漏气；

b. 入口管线堵塞或阀门开度小；

c. 入口压头不够；

d. 介质温度高，含水汽化；

e. 介质温度低，黏度过大；

f. 叶轮堵塞，电机反转；

g. 油泵给封油过大。

③ 处理方法

a. 排净机泵内的气体；

b. 开大入口阀或疏通管线；

c. 提高入口压头；

d. 适当降低介质的温度；

e. 适当降低介质的黏度；

f. 找钳工拆检或电工检查；

g. 适当减小热油泵的封油量。

（2）离心泵轴承温度升高的处理

① 现象

a. 用手摸轴承箱温度偏高；

b. 电流读数偏高。

② 原因

a. 冷却水不足中断或冷却水温度过高；

b. 润滑油不足或过多；

c. 轴承损坏或轴承间隙大小不够标准；

d. 甩油环失去作用；

e. 轴承箱进水，润滑油乳化、变质，有杂物；

f. 泵负荷过大。

③ 处理方法

a. 给大冷却水或联系调度降低循环水的温度；

b. 加注润滑油或调整润滑油液位至 $1/3 \sim 1/2$；

c. 联系钳工维修；

d. 更换轴承腔内的润滑油；

e. 根据工艺指标适当降低负荷。

（3）离心泵振动产生的原因及处理办法

① 原因分析

a. 泵内或吸入管内有空气；

b. 吸入管压力小于或接近汽化压力；

c. 转子不平衡；

d. 轴承损坏或轴承间隙大；

e. 泵与电机不同心；

f. 转子与定子部分发生碰撞或摩擦；

g. 叶轮松动；

h. 入口管、叶轮内、泵内有杂物；

i. 泵座机座共振。

② 处理方法

a. 重新灌泵，排净泵内或管线内的气体；

b. 提高吸入压力；

c. 转子重新找平衡；

d. 更换轴承；

e. 泵与电机重新找正；

f. 转子部分重新找正；

g. 检查叶轮；

h. 清除杂物；

i. 消除机座共振。

（4）离心泵发生汽蚀的原因及处理办法

① 原因分析

a. 泵体内或输送介质内有气体；

b. 吸入容器的液位太低；

c. 吸入口压力太低；

d. 吸入管内有异物堵塞；

e. 叶轮损坏，吸入性能下降。

② 处理方法

a. 灌泵，排净管线内的气体；

b. 提高容器中液面高度；

c. 提高吸入口压力；

d. 吹扫入口管线；

e. 检查更换叶轮。

（5）离心泵抱轴的原因及处理

① 原因

a. 油箱缺油或无油；

b. 润滑油质量不合格，有杂质或含水乳化；

c. 冷却水中断或太小，造成轴承温度过高；

d. 轴承本身质量差或运转时间过长造成疲劳老化。

② 现象

a. 轴承箱温度高；

b. 机泵噪声异常，振动剧烈；

c. 润滑油中含金属碎屑；

d. 电流增加，电机跳闸。

③ 处理方法

a. 发现上述现象，要及时切换至备用泵，停运转泵，同时通知操作室；

b. 联系钳工处理。

（6）密封泄漏的原因和处理

① 原因

a. 密封填料选用或安装不当；

b. 填料磨损或压盖松；

c. 机械密封损坏；

d. 密封腔冷却水或封油量不足；

e. 泵长时间抽空。

② 处理方法

a. 按规定选用密封填料并正确安装；

b. 联系钳工更换填料或压紧压盖；

c. 联系钳工更换机械密封；

d. 调节密封腔冷却水或封油量；

e. 如果泵抽空，按抽空处理。

（7）离心泵盘车不动的原因及处理方法

① 原因

a. 液体凝固；

b. 长期不盘车而卡死；

c. 泵的部件损坏或卡住；

d. 轴弯曲严重；

e. 填料泵填料压得过紧。

② 处理方法

a. 吹扫预热；

b. 加强盘车（预热泵）；

c. 联系钳工处理；

d. 联系钳工更换轴承；

e. 联系钳工放松填料压盖或加强盘车。

（8）泵出口压力超指标的原因和处理

① 原因

a. 出口管线堵；

b. 出口阀柄脱落（或开度太小）；

c. 压力表失灵；

d. 泵入口压力过高。

② 处理方法

a. 处理出口管线；

b. 检查更换；

c. 更换压力表；

d. 查找原因降低入口压力。

③ 机泵运转中如何换油

a. 准备工作

（a）准备一壶与运转泵所用型号相同的润滑油；

（b）准备活扳手。

b. 操作步骤

（a）旋转轴承箱加油孔丝堵，打开加油孔，加注新油；

（b）旋转轴承箱放油孔丝堵，排放旧油，直至旧油放净，拧紧放油孔丝堵；

（c）当加注新油油位至油标 $1/2 \sim 2/3$，停止加油，拧紧加油孔丝堵；

（d）清理泵体及泵座油污。

c. 注意事项

操作时应谨慎，避免排油过快，加油过慢，导致轴承缺油。

# 第二节　加热器

## 一、投用

### 1. 投用纲要（A级）

（1）检查加热器是否达到开工要求

① 检查加热器；

② 检查管程工艺介质、壳程工艺介质流程；

③ 检查仪表电气。

（2）系统吹扫试压、吹扫

① 管程吹扫、试压；

② 壳程吹扫、试压。

（3）检查冷流系统

① 检查冷流系统是否有泄漏；

② 换热设备冷流系统气密试验。

（4）检查热流系统

① 检查热流系统是否有泄漏；

② 换热设备冷热系统气密试验。

## 2. 投用操作（B级）

（1）冷换设备

(P)-确认循环水进装置边界阀；

(P)-确认管壳程试压合格，并放净积水；

(P)-确认管壳程系统排空阀、排凝阀、压力表阀关闭，加好管帽（丝堵）；

(P)-确认仪表控制系统能正常投用；

(P)-确认蒸汽系统与介质系统无互串；

(P)-确认介质系统吹扫干净，气密合格，置换合格；

(P)-确认冷热流系统各进出口阀门完好且关闭；

(P)-确认消防设施齐备完好；

(P)-确认可燃气体报警仪测试合格；

(P)-确认换热器平台和护栏完好；

(P)-确认后路畅通，不能憋压，特别是高温换热器；

(P)-确认操作工具完好备用；

(P)-确认通讯设备完好备用。

（2）冷介质流程

(P)-确认进出阀门全部关闭；

(P)-确认冷介质流程各管件连接合格；

(P)-确认冷介质压控阀正常；

(P)-确认冷介质流量计完好；

(M)-确认冷介质压力正常平稳。

（3）蒸汽

(P)-确认吹扫蒸汽线流程引到设备前，排凝稍开，保证吹扫蒸汽无凝结水；

(P)-确认吹扫蒸汽线流程各管件连接合格。

（4）工艺介质

(I)-确认工艺介质流动正常；

(I)-确认出入口压力、温度指示正常。

（5）仪表、电气系统

（I）-确认报警系统合格；

（P）-确认电气设备完好备用；

（I）-确认仪表投用正常，指示正确；

（M）-确认接地符合要求。

（6）系统贯通试压、吹扫

系统贯通试压：

（P）-准备好介质贯通流程；

（P）-确认流程中各阀门的正确开度；

（P）-关闭控制阀、流量计前后手阀，打开排凝阀；

（P）-确认排放点周围处于安全状态；

（P）-关闭低点排凝阀；

（P）-关闭高处放空阀；

（P）-缓慢打开吹扫介质阀门，引入吹扫介质；

（P）-确认排放点见气；

（P）-打开高处放空阀，低点排凝阀，见气后关闭；

（P）-关闭排放点阀门，系统升压；

（P）-确认系统升至规定压力；

（P）-检查静密封点；

（P）-确认试压合格；

（P）-关闭吹扫介质阀并隔离；

（P）-打开排放点阀门排放吹扫介质，排尽后关闭排放点阀门。

（7）冷换设备投入运行

（P）-缓慢打开冷介质进出口阀投冷介质并排气；

（P）-检查加热器温度、压力、泄漏情况；

（P）-缓慢打开热介质进出口阀投热介质并排气；

（P）-检查加热器温度、压力、泄漏情况；

（I）—确认压力在工艺要求范围内。

A. 升温过程中换热器的状态确认

（P）-确认升温速度正常；

（P）-确认系统无泄漏；

（P）-确认换热器支吊架无异常；

[I]—按照升温速率升温。

B. 换热器状态确认

（M）-调节阀投自动；

（M）-介质无泄漏；

（M）-介质压力符合要求；

（M）-介质温度不超标；

（M）-器壁温度不超标；

（M）-出口温度偏差不超标；

［M］-调整进口阀门开度保持在正常运行范围内。

# 二、停用

## 1. 停用纲要（A级）

（1）停热介质进料；

（2）停冷介质进料；

（3）加热器准备交付检修。

## 2. 停用操作（B级）

状态确认：

热介质、冷介质

（M）-热介质停用；

（M）-冷介质停用；

（M）-加热器不能超温、超压、超负荷。

## 3. 停热介质、冷介质进料

（P）-开热介质辅线阀，关闭该热介质进出手阀，打开蒸汽侧放空防止换热器蒸汽侧形成真空；

（P）-确认该加热器温度降到符合工艺要求；

（P）-开冷介质辅线阀，关闭该冷介质进出手阀。

## 4. 加热器准备交付检修

［I］-根据要求，加热器降温；

（P）-加热器退出工艺介质；

（P）-吹扫加热器管壳程；

（P）-吹扫完成后，加热器降至常温状态下。

# 三、切换

## 1. 切换纲要（A级）

（1）检查备用换热器（具体检查内容与投用部分相同）

① 投用备用加热器冷介质；

② 投用备用加热器热介质；

③ 停用运行加热器热介质；

④ 停用运行加热器冷介质。

（2）切换后的加热器准备交付检修

### 2. 切换操作（B级）

（1）停介质进料

停热介质、冷介质进料：

（P）-缓慢打开备用加热器冷介质进、出手阀，打开蒸汽侧放空防止换热器蒸汽侧形成真空。

（P）-确认备用加热器温度、压力符合工艺要求。检查加热器泄漏情况。

（P）-缓慢打开备用加热器的热介质进、出口手阀，同时缓慢关闭运行加热器热介质进、出口手阀。使加热器的升温速率缓慢。

（P）-检查加热器泄漏情况。温度、压力在工艺范围内。

（P）-停运行的加热器的热介质。

（P）-停运行的加热器的冷介质。

（2）加热器准备交付检修

［I］-根据要求，加热器降温。

（P）-加热器退出工艺介质。

（P）-吹扫加热器管壳程。

（P）-吹扫完成后，加热器降至常温状态下。

C级　辅助说明：

① 吹扫时必须保证脱水干净，防止水击。

② 严格检查：加热器不能超温、超压、超负荷。

③ 管壳程引入介质时必须缓慢退出。

④ 切换时，开关手阀时动作必须缓慢，注意加热器的泄漏情况及工艺操作工况。

⑤ 切换加热器加强与主控室的联系。

## 四、加热器正常操作

（1）每2小时操作员对本岗位的加热器巡回检查一次。观察压力、温度变化情况，管箱浮头等紧固件是否泄漏。

（2）在温度的变化调节过程中，要求缓慢进行。

（3）在正常生产中，应保持温度、压力稳定，不允许大幅度波动。

（4）对容易结焦结垢的介质，不能随便开副线，开副线时要保证管壳程有一定量（即保持流速）防止设备结焦。

（5）后路畅通，不能憋压，特别是高温换热器更应注意，否则会发生超压泄漏，引起火灾，而且泄漏处难处理。

## 五、常见事故处理

（1）水外漏：发现冷却水外漏，如果漏量小，不严重，汇报车间，车间联系有关单位来处理，如果泄漏量严重，请示车间停冷却器，打开上下水的放空阀进行处理。

（2）油外漏：发现冷却器油外漏（冷却水带油）要及时汇报车间，将油改走副线，将冷却器存油扫到污油罐，泄压后，用蒸汽吹扫达到符合动火条件。如果发现换热器的法兰、阀门、封头、浮头管线漏油，要及时用蒸汽掩护，根据漏量情况汇报车间进行处理。

（3）介质冷后温度超高：冷却介质温度超高时，要对冷却水的上下水温度、压力进行检查，冷却器上下水阀阀板是否掉了，发现问题及时处理，无问题温度仍然超高，要汇报有关部门。

（4）管程或壳程超压：当冷换器的管程或壳程超压时，要对冷热流的流程认真检查，特别是冷热出口阀阀板是否掉了，当发现问题后要改走副线，换阀，无问题超压要汇报有关部门将其切除处理。

# 第三节　冷却器

## 一、投用

### 1. 投用纲要（A级）

（1）检查冷却器系统是否达到开工要求

① 检查冷却器；

② 检查管程工艺介质、壳程工艺介质流程；

③ 检查仪表电气。

（2）系统吹扫试压、吹扫

① 管程吹扫、试压；

② 壳程吹扫、试压。

（3）检查冷却水系统

① 检查冷却水系统是否有泄漏；

② 换热设备冷却水系统气密试验。

（4）检查热流系统

① 检查热流系统是否有泄漏；

② 换热设备冷热系统气密试验。

### 2. 投用操作（B级）

（1）冷却器

（P）-确认冷却水进装置边界阀；

（P）-确认管壳程试压合格，并放净积水；

（P）-确认管壳程系统排空阀、排凝阀、压力表阀关闭，加好管帽（丝堵）；

（P）-确认仪表控制系统能正常投用；

（P）-确认蒸汽系统与介质系统无互串；

（P）-确认介质系统吹扫干净，气密合格，置换合格；

（P）-确认冷热流系统各进出口阀门完好且关闭；

（P）-确认消防设施齐备完好；

（P）-确认可燃气体报警仪测试合格；

（P）-确认换热器平台和护栏完好；

（P）-确认后路畅通，不能憋压，特别是高温换热器；

（P）-确认操作工具完好备用；

（P）-确认通讯设备完好备用。

（2）冷却水流程

（P）-确认进出阀门全部关闭；

（P）-确认冷却水流程各管件连接合格；

（P）-确认冷却水压控阀正常；

（P）-确认冷却水流量计完好；

（M）-确认冷却水压力正常平稳。

（3）蒸汽

（P）-确认吹扫蒸汽线流程引到设备前，排凝稍开，保证吹扫蒸汽无凝结水；

（P）-确认吹扫蒸汽线流程各管件连接合格。

（4）工艺介质

（I）-确认工艺介质流动正常；

（I）-确认出入口压力、温度指示正常。

（5）仪表、电气系统

（I）-确认报警系统合格；

（P）-确认电气设备完好备用；

（I）-确认仪表投用正常，指示正确；

（M）-确认接地符合要求。

（6）系统贯通试压、吹扫

A. 系统贯通试压

（P）-准备好介质贯通流程；

（P）-确认流程中各阀门的正确开度；

（P）-关闭控制阀、流量计前后手阀，打开排凝阀；

（P）-确认排放点周围处于安全状态；

（P）-关闭低点排凝阀；

（P）-关闭高处放空阀；

（P）-缓慢打开吹扫介质阀门，引入吹扫介质；

（P）-确认排放点见气；

（P）-打开高处放空阀，低点排凝阀，见气后关闭；

（P)-关闭排放点阀门，系统升压；

（P)-确认系统升至规定压力；

（P)-检查静密封点；

（P)-确认试压合格；

（P)-关闭吹扫介质阀并隔离；

（P)-打开排放点阀门排放吹扫介质，排尽后关闭排放点阀门。

（7）换热器投入运行

A. 打开冷却水进出口阀投冷却水

[I]-调整冷却水入口阀开度；

（I)-确认压力在工艺要求范围内。

B. 升温过程中换热器的状态确认

（P)-确认升温速度正常；

（P)-确认系统无泄漏；

（P)-确认换热器支吊架无异常；

[I]-按照升温速率升温。

C. 换热器状态确认

（M)-盲板确认（按盲板表进行状态确认）；

（M)-介质投用；

（M)-调节阀投自动；

（M)-介质无泄漏；

（M)-介质压力符合要求；

（M)-介质温度不超标；

（M)-器壁温度不超标；

（M)-出口温度偏差不超标；

[M]-调整进口阀门开度保持在正常运行范围内。

C 级 辅助说明：

① 吹扫时必须保证脱水干净，防止水击；

② 严格检查：冷却器不能超温、超压、超负荷；

③ 管壳程引入介质时必须缓慢引入。

# 二、停用

## 1. 停用纲要（A 级）

（1）停热介质进料；

（2）停冷却水进料；

（3）开蒸汽，用蒸汽扫线或退油时，必须先打开另一程放空，防止憋压及憋坏设备；

（4）冷却器准备交付检修。

**2. 停用操作（B级）**

状态确认：

热介质、冷却水

（M)-热介质投用；

（M)-冷却水投用；

（M)-冷却器不能超温、超压、超负荷。

（1）停热介质进料

停热介质、冷却水进料：

（P)-关闭该热介质进出手阀，开热介质副线阀；

（P)-确认该冷却器温度降到符合工艺要求；

（P)-关闭该冷却水进出手阀，开冷却水副线阀。

（2）冷却器准备交付检修

[I]-根据要求，冷却器降温；

（P)-冷却器退出工艺介质；

（P)-吹扫换热器管壳程；

（P)-吹扫完成后，冷却器降至常温状态下。

C级　辅助说明：

① 吹扫时必须保证脱水干净，防止水击；

② 严格检查：冷却器不能超温、超压、超负荷；

③ 管、壳程引入介质时必须缓慢退出。

# 三、切换

**1. 切换纲要（A级）**

（1）检查备用换热器（具体检查内容与投用部分相同）

① 缓慢打开备用冷却器冷却水进、出手阀；

② 缓慢打开备用冷却器热介质进、出手阀。

（2）缓慢关闭运行冷却器热介质进、出手阀

缓慢关闭运行冷却器冷却水进、出手阀。

（3）切换后的冷却器准备交付检修

**2. 切换操作（B级）**

状态确认：

热介质、冷却水

（M)-热介质投用；

（M)-冷却水投用；

（M)-冷却器不能超温、超压、超负荷。

（1）停介质进料

停热介质、冷却水进料：

（P）-缓慢打开备用冷却器冷却水进、出手阀。

（P）-确认备用冷却器温度、压力符合工艺要求。检查冷却器泄漏情况。

（P）-缓慢打开备用冷却器的热介质进、出口手阀，同时缓慢关闭运行冷却器热介质进、出口手阀。使冷却器的升温速率缓慢。

（P）-检查冷却器泄漏情况。温度、压力在工艺范围内。

（P）-停切换前运行的冷却器的冷却水。

（P）-放净冷却器管、壳程内的积水。

（P）-开蒸汽，用蒸汽扫线或退油时，必须先打开另一程放空，防止憋压及憋坏设备。

（2）冷却器准备交付检修

［I］-根据要求，冷却器降温。

（P）-冷却器退出工艺介质。

（P）-吹扫冷却器管壳程。

（P）-吹扫完成后，冷却器降至常温状态下。

C级　辅助说明：

① 吹扫时必须保证脱水干净，防止水击。

② 严格检查：冷却器不能超温、超压、超负荷。

③ 管壳程引入介质时必须缓慢退出。

④ 切换时，开关手阀时动作必须缓慢，注意冷却器的泄漏情况及工艺操作工况。

⑤ 切换冷却器加强与主控室的联系。

# 四、冷却设备正常操作

① 每2小时操作员对本岗位的冷却器巡回检查1次。观察压力、温度变化情况，管箱浮头等紧固件是否泄漏。

② 在温度的变化调节过程中，要求缓慢进行。

③ 在正常生产中，应保持温度、压力稳定，不允许大幅度波动。

④ 对容易结焦结垢的介质，不能随便开副线，开副线时要保证管壳程有一定量（即保持流速）防止设备结焦。

⑤ 后路畅通，不能憋压，特别是高温换热器更应注意，否则会发生超压泄漏，引起火灾，而且泄漏处难处理。

# 五、常见事故处理

① 水外漏：发现冷却水外漏，如果漏量小，不严重，汇报车间，车间联系有关单位来处理，如果泄漏量严重，请示车间停冷却器，打开上下水的放空阀进行处理。

② 油外漏：发现冷却器油外漏（冷却水带油）要及时汇报车间，将油改走副线，将冷却器存油扫到污油罐，泄压后，用蒸汽吹扫达到符合动火条件。如果发现换热器的

法兰、阀门、封头、浮头管线漏油，要及时用蒸汽掩护，根据漏量情况汇报车间进行处理。

③ 介质冷后温度超高：冷却介质温度超高时，要对冷却水的上下水温度、压力进行检查，冷却器上下水阀阀板是否掉了，发现问题及时处理，无问题温度仍然超高，要汇报有关部门。

④ 管程或壳程超压：当冷换器的管程或壳程超压时，要对冷热流的流程认真检查，特别是冷热出口阀阀板是否掉了，当发现问题后要改走副线，换阀，无问题超压要汇报有关部门将其切除处理。

# 第五章 事故处理应急预案

## 第一节 应急原则

在突发停水、电、汽、仪表空气后，装置可能发生意想不到的事故，为尽快遏制事故发生和进一步蔓延，尽可能减少人员伤亡和财产损失，所有参与应急计划人员必须做到一切行动听从指挥，令行禁止。基本应急原则如下：

① 一般先救人再救火。

② 重大火灾先报警后灭火。

③ 可燃气体泄漏着火，不应立即扑灭火灾，应先隔离以防爆炸。

④ 物料倒空一般先倒液后泄压。

⑤ 现场中毒窒息抢救首先应做好自身防护。

⑥ 现场做人工呼吸首先应做好自身防护。

⑦ 液氨泄漏，应及时切断物料来源，加水冲洗。

⑧ 液氨灼伤或酸碱腐蚀，应立即用水冲洗。

## 第二节 应急组织机构及职责

### 一、应急救援指挥领导小组名单

总指挥：厂长

副总指挥：副厂长

成员：各部室主管领导、工程师、工匠及技术人员

### 二、应急组织机构职责

#### 1. 应急指挥部职责

（1）贯彻落实《中华人民共和国突发事件应对法》《中华人民共和国安全生产法》《危险化学品安全管理条例》等相关法律法规；

（2）研究制订公司应对危险化学品事故的政策措施和指导意见；

（3）负责具体指挥公司级危险化学品事故的应急处置工作，依法指挥协调或协助各分厂车间做好车间级危险化学品事故的应急处置工作；

（4）分析总结公司危险化学品事故的应对工作，制订工作规划和年度工作计划；

（5）组织开展应急所属应急救援队伍的建设管理以及应急物资的储备保障等工作；

（6）及时、准确、全面地发布事故救援信息，并适时发布公告，将事故的原因、责任及处理意见公布于众；

（7）做好事故发生单位的稳定工作，做好伤者的医治和死亡人员的善后处置及安抚工作；

（8）定期组织预案的培训和演练，根据情况及时对预案进行调整、修改和补充；

（9）配合有关部门进行危险化学品事故新闻发布工作；

（10）承担应急指挥部日常工作。

**2. 现场救援指挥部职责**

根据应急处置工作需要，应急指挥部适时组建现场应急指挥部，由总指挥、副总指挥和各应急救援小组组成，实行总指挥负责制。现场应急指挥部应及时掌握事故进展情况，一旦发现事态有进一步扩大的趋势，可能超出自身的控制能力时，应按程序报请其他应急资源参与处置工作。现场应急救援指挥部下设专业组：通信联络组、应急疏散组、治安警戒组、技术保障组、后勤保障组、医疗救护组、应急抢修组、环境检测组。在现场应急救援指挥部的统一指挥下，按照职责分工和事故现场处置方案，相互配合、密切协作，共同开展应急处置和救援工作。

**3. 总指挥职责**

总指挥是事故现场的最高管理者，根据现场情况预测可能发生的各种危险的后果，事故延续的时间，响应等级，及时下达对外联系，批准抢险救援方案，下达救援命令，在危及职工及群众生命安全的紧急情况下，可以下达撤退、戒备、紧急疏散的命令。

**4. 副总指挥职责**

副总指挥协助总指挥组织制订各项应急救援措施，并督促应急措施的落实，总指挥不在时，副总指挥行使总指挥职责。副总指挥为应急救援第一执行人，负责紧急情况处理的具体实施和组织工作。

**5. 各应急救援小组职责**

（1）通信联络组

班组主控室主操职责：保障各救援队之间利用防爆手机或对讲机进行联络、保障对外联系通信任务。

（2）应急疏散组

班组外操职责：迅速将警戒区及污染区内与事故应急处理无关的人员撤离至安全区域，以减少不必要的人员伤亡。

（3）环境监测组

班组分析人员职责：对事故现场及周边环境进行监测。

（4）治安警戒组

班组外操职责：根据化学品泄漏扩散的情况或火焰热辐射所涉及的范围建立警戒区，并在通往事故现场的主要干道上实行交通管制，禁止无关人员、车辆进入，引导应急救援车辆进入现场；对重要目标实施保护，维护现场治安。

（5）技术保障组

工艺组、设备仪表组、安全组职责：负责在事故状态下对事故单位工艺处置进行指导，并对全厂生产情况进行调度，适时确定应急区域范围。

（6）后勤保障组

后勤帮手人员职责：筹措和调集应急救援工作所需的交通工具、物资、资金等，保障应急救援工作顺利进行。负责急救工作中人员的转移和器材的运输。

（7）医疗救护组

班组急救人员职责：负责设立现场医疗急救点，对伤员进行急救处理，并及时合理转送医院进行救治。

（8）应急抢修组

班组外操、机修厂职责：在公司事故应急指挥部的指挥下，迅速深入事故现场，在具有防护措施的前提下，抢修设备，防止事故扩大，降低事故损失，抑制危害范围的扩大。

# 第三节　火灾应急处置专项预案

## 一、适用范围

### 1. 事故类别

火灾爆炸。

### 2. 发生事故的可能性

生产车间、化学品及电气设施存在火灾危险的物质有：甲烷、乙炔、一氧化碳、氢气、高级炔等。在物料发生泄漏后，遇明火或点火源有火灾的危险。本公司生产车间配有电气设备，这些电气设备如安装不符合规范要求或操作不当，容易造成短路、接地、发热，导致电气火灾事故的发生。

### 3. 严重程度及影响范围

（1）若发生车间级火灾、爆炸事故，主要表现为初期火灾，不影响其他装置，车间内部力量可以迅速控制的，严重程度主要体现为损坏部分生产装置；

（2）若发生公司级火灾、爆炸事故，主要表现为影响相邻正在运行的生产装置、生产车间，甚至影响到周边的企业，需要立即启动公司综合应急预案，严重程度体现为可导致人员伤亡、装置损毁等灾难性事故；

（3）若发生社会级火灾、爆炸事故，主要表现为可能影响到相邻周边企业，将造成灾难性的后果，可导致人员伤亡、装置损毁、房屋倒塌等灾难性事故。

**4. 适用范围**

本火灾爆炸事故专项应急预案适用于元品化工乙炔厂内因危险物质、电气设备或其他原因引起的火灾爆炸事故。

# 二、应急指挥机构及职责

（1）总指挥职责　见总体预案 5.2.2.3。

（2）副总指挥职责　见总体预案 5.2.2.3。

（3）应急抢险组职责

① 对火灾事故，选用适合的灭火器材，迅速控制火势或扑灭火灾。

② 对具有火灾性质的危险点进行重点监护和保护，防止事故扩大或二次事故发生。

③ 必要时，负责采取安全措施，以确保人员、装置设备的安全，并抢救伤员。

（4）警戒疏散组职责

① 负责火灾事故现场的保护、警戒，组织人员疏散、清点人数，并将人数清点情况告知应急抢险组，如对周边单位有影响，应及时通知周边单位人员进行疏散。

② 负责公司内的交通管制，确保消防通道畅通，并引导消防、救护车辆等进入。

③ 对事故区域进行封锁，无关人员禁止入内。

（5）医疗救护组职责

① 在事故发生时，做好抢救烧伤人员的准备工作，对轻伤者进行简单救治，对重伤者及时送医院抢救和治疗。

② 负责与专业医疗机构的协调。

③ 完成总指挥或副总指挥交给的临时任务。

（6）环境监测组职责

消防废水进入污水及清水管网，应关闭雨排总管网排放口阀门，并将消防废水引至事故应急池，避免事件废水排入外环境，自行或请外部机构进行环保检测。

（7）后勤保障组职责

① 设置应急指挥所，配备桌、椅、药品等物品。

② 确保消防器材和应急药品等物资的供应。

③ 根据事故程度及影响范围，及时与周边单位联系，及时调用救援设备、器材等。

④ 完成总指挥交给的临时任务。

# 三、响应启动

**1. 事故及事故险情信息报告**

（1）信息报告程序

① 发生车间级生产安全事故，部门在启动现场处置方案的同时，由车间负责人

向总经理报告，再由总经理向当地应急管理中心报告，同时上报相关资产管理办公室。

② 发生公司级或社会级生产安全事故，公司应急指挥部总指挥立即向当地应急管理中心报告，同时上报相关资产管理办公室。

（2）信息报告内容

① 事故发生的时间、地点或岗位及事故现场情况。

② 事故已经造成或可能造成的伤亡人数（包括下落不明、涉险的人数）。

③ 已经采取的措施。

（3）信息报告方式

现场报告方式主要利用办公电话和个人手机、呼叫等方式进行报告。

### 2. 应急指挥机构启动程序

当发生事故后，部门立即启动现场应急指挥机构，当事故发展态势进一步扩大时，可扩大应急响应，启动公司综合应急预案。

### 3. 应急指挥程序

发生事故部门的主管或负责人为现场初期的第一应急总指挥，全面负责应急处置工作，当上一级进入现场后，移交相关指挥权。

### 4. 资源调配程序

在事故状态下，现场总指挥有权调用其他部门的人力、物力等资源，相关部门必须积极配合。

### 5. 应急救援程序

（1）岗位员工立即按照现场处置方案实施应急处置。

（2）部门启动专项应急预案，实施具体应急救援。

## 四、处置措施

### 1. 初起火灾的扑救应急处置措施

（1）迅速查清着火部位、着火物及来源，利用现有的消防设施及灭火器材进行灭火。若火势一时难以扑灭，要采取防止火势蔓延的措施，保护要害部位。

（2）专业消防人员到达火场时，负责人应主动及时地向消防指挥人员介绍情况。

### 2. 化学品发生火灾的扑救

（1）用就近的灭火器灭火。

（2）全力救助伤员，采取隔离、警戒和疏散措施，必要时采取交通管制，避免无关人员进入现场危险区域。

（3）根据地形地貌、风向、天气等因素采取有效的围堵措施，控制着火区域。

（4）充分考虑着火区域地形地貌、风向、天气等因素，制订灭火方案，并合理布置消防和救援力量。

（5）灭火完毕，立即清理火灾现场。

### 3. 电气火灾的扑救

（1）电气火灾特点。电气设备着火时，现场很多设备可能是带电的，这时应注意现场周围可能存在的较高的接触电压和跨步电压。同时还有一些设备着火时是绝缘油在燃烧，如电力变压器、多油开关等，受热后易引起喷油和爆炸事故，使火势扩大。

（2）扑救时的安全措施。扑救电气火灾时，应首先切断电源。为正确切断电源，应按如下规程进行：

① 火灾发生后，电气设备已失去绝缘性，应用绝缘良好的工具进行操作；

② 选好切断点，非同相电源应在不同部位剪断，以免造成短路，剪断部位应选有支撑物的地方，以免电线落地造成短路或触电事故。

### 4. 人身着火的扑救

人身着火多是由于工作场所发生火灾、爆炸事故或扑救火灾引起的。也有对易燃物使用不当明火引起的。当人身着火时，可采取以下措施进行扑救：

（1）如衣服着火不能及时扑灭，应迅速脱去衣服，防止烧伤皮肤。若来不及或无法脱去应立即就地打滚，用身体压住火种，切记不可跑动，否则风助火势会造成严重后果，有条件用水灭火效果更好。

（2）如果是身上溅上油类着火，千万不要跑动，在场的人应立即将其搂倒，用棉布、青草、棉衣、棉被等覆盖，用水浸湿效果更好，采用灭火器扑救人身着火时，注意尽可能不要对着面部。

（3）在现场抢救烧伤患者时，应特别注意保护烧伤部位，尽可能不要碰破皮肤，以防感染。对大面积烧伤并已休克的伤患者，舌头易收缩堵塞咽喉造成窒息，在场人员应将伤者嘴撬开，将舌头拉出，保证呼吸畅通。同时用被褥将伤者轻轻裹起来，送往医院治疗。

## 五、应急保障

### 1. 通信与信息保障

为保障应急期间各类信息畅通，设立有 24 小时值班电话及各单位通信电话，能够保障通信系统的正常运行。另外，要求全体成员手机 24 小时开通，从而确保通信正常。

### 2. 应急队伍保障

（1）加强事故救援专业队伍建设，通过日常技能培训和模拟演练等手段提高各类人员的业务素质、技术水平和应急处置能力。

（2）依据事故程度，可及时向消防、应急管理部门、医疗急救、环保、供水、供电等部门寻求救援。

### 3. 物资装备保障

配备一定数量的应急设备和防护用品，以便在发生安全事故时，能快速、正确地投入应急行动中。

### 4. 其他保障

（1）经费保障

对应急工作的日常费用作出预算，经财务人员审核后列入公司安全专项费用。应急经费用于应急救援管理工作机制日常运作和保障信息化建设等，所需经费通过单位的年度预算予以落实，做到专款专用，以保障应急管理运行和应急反应中的各项活动开支。

（2）交通运输保障

应保证紧急情况下应急交通工具，经常性对公司车辆进行检查、定期做好维护，确保运输安全畅通，确保抢险救灾物资和人员能够及时、安全送达。

（3）医疗保障

事故发生后，公司可取得当地医院的支援，保证现场医疗救治工作的开展，防止和控制伤情扩大。

（4）后勤保障

公司应急指挥应会同公司和当地政府有关部门做好受灾人员和救援人员的生活和其他各方面的保障工作。

# 第四节　乙炔气柜泄漏专项应急预案

## 一、事故类型和危害程度分析

乙炔是一种易燃易爆气体，与空气混合时爆炸范围为 $2.1\%\sim80\%$，乙炔气与空气混合达到爆炸范围时遇点火源就会发生爆炸事故。

（1）自燃点：乙炔自燃点低，空气中为 $305\,^{\circ}\mathrm{C}$，氧气中为 $296\,^{\circ}\mathrm{C}$，比一般易燃气体的自燃点低 $100\sim200\,^{\circ}\mathrm{C}$。当乙炔中含有 $PH_3$ 时自燃点更低，当 $PH_3$ 量达 $200\times10^{-6}$ 时在空气中的自燃点低至 $200\,^{\circ}\mathrm{C}$ 以下。

（2）最小点火能：可燃气体在空气中给一定的能量即可点火燃烧，能引起点火的最小点火能量称为最小点火能。乙炔最小点火能为 $0.019\mathrm{mJ}$，与氢气基本相同。

（3）爆炸范围：乙炔的爆炸范围在空气中为 $2.1\%\sim80\%$（体积分数），在氧气中为 $2.8\%\sim100\%$，乙炔的爆炸范围最大爆炸下限很低。纯乙炔也能够爆炸，是一种分解爆炸。纯乙炔在压力 $0.15\mathrm{MPa}$、温度 $580\,^{\circ}\mathrm{C}$ 时开始分解爆炸。乙炔加压后更容易引起分解爆炸，乙炔分解爆炸的最小点火能随压力增高而下降，高压乙炔的爆炸危险性更大。压力 $0.981\mathrm{MPa}$ 时乙炔最小分解点火能为 $2.9\mathrm{mJ}$，当压力增加到 $2.45\mathrm{MPa}$ 时最小分解点火能仅为 $0.2\mathrm{mJ}$，相当于一般易燃气体在空气中的最小点火能，所以高压乙炔气非常危险。

（4）传爆能力：指爆炸性混合气体传播爆炸的能力。传爆能力按最大试验安全间隙来衡量。传爆间隙是通过长 $25\mathrm{mm}$ 的间隙连通爆炸性混合气体，当一侧燃爆时能引起另一侧燃爆的最大间隙。爆炸性混合气体的传爆能力分为 3 级，乙炔为 3 级，所以乙炔的传爆能力很强。

（5）发生聚合反应：乙炔容易发生聚合反应，压力越高越易聚合。乙炔聚合时放热，温度越高聚合速度越快。热量的积聚又会进一步加速聚合，如不及时控制，最终导致温度超高引起乙炔分解爆炸。

（6）乙炔能与氢、卤素、卤化氢等发生加成反应。乙炔与氟、氯反应剧烈，极易引起爆炸。

## 二、车间周边及气柜周围基本情况

东　50 米　装置主干道
南　70 米　二期动力污水泵站
西　20 米　部分氧化装置、提浓装置
北　100 米　装置主干道
本车间与其他车间以全厂主干道为界，区域划分清晰。

### 1. 现场消防设施

气柜周围有 5 个消防栓，5 个消防炮，2 具手提 8kg 干粉灭火器，1 具 35kg 干粉灭火器。

### 2. 事故影响及次生事故的等级

事故可能造成大量乙炔气泄漏，如果处置不当，引起火灾爆炸。处置过程当中，由于处置人员的防护用品穿戴不合适、使用的处置工具为非防爆工具、主操的操作方法不当，将可能引发次生事故，可能产生的次生事故有火灾爆炸、人员窒息，由于次生事故发生在装置内，装置为危险化学品生产存储单位，极易引起其他化学品的燃烧爆炸。

## 三、应急处置组织机构及职责

### 1. 处置程序

事故现场人员应立即报告本单位的主管领导、HSE 小组负责人及现场应急处置小组，单位主管领导及现场应急处置小组根据事故的大小和发展态势及时向公司报告，并同时启动本分厂相应的现场处置方案。

### 2. 应急处理措施

（1）乙炔气柜泄漏事故发生后应采取的措施：在生产过程中可能发生气柜因操作失误、设备失修、腐蚀、工艺失控或其他如突然断电、停车等原因造成的泄漏着火等事故。一旦发生事故可由安全报警系统岗位操作人员通过巡检等方式早发现并采取相应措施予以处理。

（2）最早发现者应立即向中控室报警，由中控室向公司调度室及应急救援中心报警，并立即通知当班值长及值班主任，值班主任立即通知公司消防队员以最快速度到达出事点，同时岗位操作人员立即启动消防设施，并采取一切办法切断事故源，采取一切紧急措施控制事故的扩展：

A. 现场触发紧急关闭按钮，关闭气柜入口切断阀；

B. 中控人员及时关闭气柜入口切断阀，打开氮气自控阀。

（3）值班调度及车间值班人员接警后迅速到达现场车间，主任和相关职能人员尽快到达现场，要求岗位操作人员查明乙炔气泄漏的原因、下达开展应急救援预案处置的命令。同时发出警报，通知指挥部成员及消防队迅速赶往现场。

（4）发生事故后车间迅速查明事故发生源点泄漏部位和原因，如能暂时处理的以自救为主，如泄漏部位自己不能控制，要及时向公司指挥部报告并提出堵漏或抢修的具体措施。

（5）消防队携带防毒面具及消防设施到达现场后，佩戴好防毒面具、观察风向，由调度长统一指挥抢险。查明现场有无中毒人员，以最快速度将中毒人员脱离现场、移往通风处或送医务室抢救，严重者送医院抢救。

（6）值班、车间人员到达现场后，会同气柜操作人员查明乙炔气泄漏部位和范围后，判断事态是否在可控范围内，然后向调度长汇报是否需紧急停车处理。

（7）应急救援中心接到通知后以最快速度到达现场，划分禁区、加强警戒和巡逻，了解情况后进行抢险。迅速查明乙炔气浓度和扩散情况，根据风向判断风速并对泄漏扩散区域进行控制，按具体情况采取相应的保护措施。

（8）值长负责组织维修，医务人员以最快速度到达现场后与消防队配合立即救护伤员和中毒人员，对中毒人员应根据中毒症状及时采取相应措施，伤重者及时送医院抢救。

（9）消防队员依据风向利用消防器材进行抢救。

（10）相关职能人员到达现场后根据现场总指挥下达的命令进行抢险，控制事故的扩大。

（11）当事故得到控制后，立即成立由相关职能部门参加的事故调查小组，调查事故发生的原因和研究制订抢修措施。

## 四、注意事项

（1）采用综合的安全防范措施，切实预防乙炔气柜泄漏的发生。

（2）根据乙炔气柜泄漏具体情况进行有针对性的救援。

（3）现场的救援结束后，应警戒及收集资料，等待事故调查组进行调查处理。

# 第五节　液氨泄漏专项应急预案

## 一、事故特征

### 1. 液氨泄漏事故类型和区域

（1）液氨储罐的气相进出口、液相进出口、排污口、液位计、压力表接口等接管、阀门、法兰连接密封等部位失效或泄漏。

（2）液氨管道法兰、阀门、法兰连接密封部位失效或泄漏。

### 2. 液氨泄漏事故的危害程度

（1）在制冷设备的运行中，如发生泄漏现象，就会很快向四周扩散，极易造成人员中毒、烧伤、灼烫伤、死亡事故的发生。

（2）当氨蒸气与空气混合达到爆炸浓度范围时，遇到火源就会发生火灾、爆炸、压力容器爆炸、压力管道爆炸。

## 二、应急组织与职责

见总则应急组织机构及职责。

## 三、应急处置

### 1. 事故应急处置程序

（1）当液氨泄漏事故发生，值班人员立即组成两个应急抢险小组，每小组 2～3 人，值班长（或主管）任抢险小组的组长，由小组长马上通知报告有关人员。

（2）迅速撤离泄漏污染区人员至上风处，并对泄漏事故现场进行隔离。

（3）应急救援人员进入现场应佩戴正压自给式空气呼吸器，穿防毒服。尽可能及早切断泄漏源。

（4）泄漏现场应彻底去除可燃和易燃物质，防止发生火灾和爆炸事故。

### 2. 现场应急处置措施

（1）如果法兰或阀门填料少量泄漏，应急救援人员进入现场应佩戴正压自给式空气呼吸器，穿防毒服。尽可能及早切断泄漏源。

（2）对泄漏点进行处理，紧固螺栓或更换垫片。

（3）如果法兰或阀门填料大量泄漏，立即启动事故防爆风机，加强事故房间现场通风，降低事故房间的氨气浓度；用雾状水喷淋泄漏部位中和稀释氨气。

（4）如果是氨储罐泄漏，立即停止压缩机运转，并切断设备的电源，要立即开启水喷淋装置（就近消防水炮），稀释和降低氨气浓度。

（5）如果是冷凝器泄漏，要立即开启消防栓进行喷淋。

（6）第一抢险小组穿戴防化服、佩戴空气呼吸器、橡胶手套、胶靴，携带相应工具，迅速进入现场调整有关阀门，切断漏氨设备（或管道）与相关设备相连接的管道，杜绝氨源。

（7）第二抢险小组同样穿戴防化服、佩戴空气呼吸器（或防毒面具）、橡胶手套、胶靴等，在事故现场作为第二梯队，以抢救保护第一抢险小组成员或接替第一抢险小组成员的工作。

### 3. 液氨泄漏中毒或受伤人员的现场急救措施

（1）当氨液喷溅到衣服和皮肤上时，应立即把被氨液溅湿的衣服脱去，用清水或

2％硼酸水冲洗皮肤，再涂上消毒凡士林或植物油脂。

（2）当呼吸道受氨气刺激引起严重咳嗽时，可用湿毛巾或用水弄湿衣服捂住鼻子和口，由于氨易溶于水，因此，可显著减轻氨的刺激作用。或用食醋把毛巾弄湿，再捂口、鼻。由于醋蒸气可与氨发生中和作用，变成中性盐，也可减轻氨对呼吸道的刺激和中毒程度。

（3）当呼吸道受氨气刺激较大，而且中毒比较深时，可用硼酸水滴鼻漱口，并给中毒者饮入 0.5％的柠檬酸水或者柠檬汁。

注意：切勿饮用白开水，因氨易溶于水，饮水会助长氨的扩散。

（4）当氨中毒十分严重，致使呼吸微弱甚至休克，呼吸停止时，应立即进行人工呼吸抢救，并给中毒者饮用较浓的食醋，有条件时施以纯氧呼吸。遇到这种情况，立即将中毒者送医院抢救。

（5）无论中毒深浅，都要将中毒者移到空气新鲜处。

## 四、注意事项

### 1. 液氨泄漏事故抢救现场的注意事项

（1）液氨泄漏现场绝对禁止明火作业和使用无防爆装置的电器、插座、照明等，并禁止使用非防爆手机。

（2）事故抢险人员一定要沉着冷静，不要张皇失措，以免乱开和错关机器设备上的阀门，导致事故进一步扩大。

（3）抢险人员进入泄漏污染区时，必须佩戴自给正压式空气呼吸器、橡胶手套和穿戴防化服。

（4）事故抢险现场禁止吸烟、进食和饮水。

（5）注意保持现场通风良好，走道通畅。

（6）事故抢救完毕，抢险人员要淋浴更衣，防止事后中毒。

### 2. 佩戴个人防护用品中的注意事项

（1）使用防毒面具处理事故时，不能长时间使用，选用的防毒面具必须经过定期检测，各班组严格执行《劳动防护用品管理标准》。

（2）处理电气事故时，必须使用检测合格的个体防护器材。

（3）进入易燃易爆气体的场合，必须穿防静电服，使用不产生静电的工器具。

### 3. 使用抢险救援器材的注意事项

（1）各类救援器材严格按照标准存放，按照规定专人管理、定期检测，并进行记录。

（2）各类防护器具必须经检测合格。

（3）各类抢险器材由所在车间班组进行保养管理。

（4）所有人员必须能够正确使用防毒面具、安全帽、安全带等常用劳动防护用品。

### 4. 采取救援对策或措施方面的注意事项

（1）生产岗位出现紧急情况时，严格按照操作规程的规定进行处理，操作规程不能体现的，要汇报班组长和车间主任进行处理。

（2）对于出现的不明原因导致的事故和灾害，要迅速通报生产、安全等部门进行协商。

（3）遵守"先救人，后救物；先重点，后一般"的原则进行处理。

（4）出现事故必须按照规定进行上报，各类人员不得打击越级上报的现象。

### 5. 现场自救和互救的注意事项

（1）处理中毒事故进行救人时，必须安排两人以上进行作业，相互照应。

（2）处理爆炸类、电气类事故，无关人员尽量撤离现场，防止发生次生灾害。

（3）撤离时由所在岗位班组长指挥，防止混乱，班组长对岗位人员进行清点上报。

### 6. 现场应急处置能力确认和人员安全防护注意事项

（1）应急处理时，优先选用专业人员或经过专门培训的人员。

（2）严格落实各类监护措施，明确监护人责任，不得轻易离开现场。

（3）救治不明原因伤亡时，不能保证施救人员安全的不得盲目救治。

（4）参与救护人员认为防护不到位、不能解决问题的不得参与抢险。

### 7. 应急救援结束后的注意事项

（1）发生火灾时，结束后应派人监护现场。

（2）迅速按照事故管理规定进行处理，特别是防范措施的落实和整改。

（3）安全生产管理部门对相关应急预案进行评审，对不符合、不完善的地方进行修订。

（4）应保护好事故现场，等待事故调查组进行调查处理。

# 第六章　操作管理规定

## 第一节　岗位职责

### 一、值长岗位职责

（1）在车间主任的领导下，按照生产作业计划和调度命令、车间规定，组织本轮班生产；全面完成产量、质量、品种、消耗定额等各项技术经济指标。

（2）组织领导本轮班技术业务学习及交流，开展岗位练兵活动，不断提高技术业务水平，发动班员提出改进生产、设备的合理化建议。

（3）向班组成员了解当日工作情况，做到心中有数。并向分厂各部室汇报班组工作情况，对本轮班人员的绩效考核。

（4）按规定制订本班生产计划，分析本班报表。

（5）认真组织贯彻并监督、检查本轮班人员严格执行以岗位责任制为中心的各项规章制度、操作规程、工艺指标、安全规程、巡回检查、设备维护保养等规程。

（6）组织指挥设备的检查、开车、停车，正常运行，负荷加减，指标控制和事故处理，负责调度各岗位操作的协调和对外联系，组织处理本班生产上出现的问题。

（7）检查、保证各岗位记录真实、准确和整齐、清洁，做好记录。

（8）遇到重大问题应首先提出设想、方案、措施，经车间领导决定后执行。

（9）认真做好交接班工作，为下一班创造良好生产条件，组织开好班前、班后会及生产活动会议，认真总结本轮班经验及教训。

（10）完成分厂安排的其他工作任务。

### 二、班长岗位职责

（1）在当班值长的安排下，按照生产作业计划和调度命令、车间规定，组织本轮班生产；全面完成产量、质量、品种、消耗定额等各项技术经济指标。

（2）组织领导本轮班技术业务学习及交流，开展岗位练兵活动，不断提高技术业务水平，发动班员提出改进生产、设备的合理化建议。

（3）向班组成员了解当日工作情况，做到心中有数。并向值长汇报班组工作情况。

（4）按计划组织本班生产，分析本班报表。

（5）认真组织贯彻并监督、检查本轮班人员严格执行以岗位责任制为中心的各项规章制度、操作规程、工艺指标、安全规程、巡回检查、设备维护保养等规程。

（6）指挥设备的检查、开车、停车，正常运行，负荷加减，处理本班生产上出现的问题。

（7）检查、保证各岗位记录真实、准确和整齐、清洁，做好记录。

（8）协助值长认真做好交接班工作，为下一班创造良好生产条件，组织开好班前、班后会及生产活动会议，认真总结本轮班经验及教训。

（9）完成分厂安排的其他工作任务。

## 三、主操岗位职责

（1）提前 10 分钟到岗，并进行班前检查，在班前会向班长汇报检查情况，接受班长的工作安排，做好岗位对口交接。下班时，接班人员签名后，方可离岗，并参加班后会。

（2）严格执行岗位操作法、工艺卡片和各项技术规程，加强与调度、班长、外操及相关车间联系，把各项工艺参数控制在最佳范围内，搞好系统优化及节能降耗工作。

（3）杜绝一切违章作业和误操作。认真监屏，及时发现并立即处理各类事故和异常工况，同时向班长汇报。当仪表、设备出现故障时，立即联系处理，并负责落实好相应的防范措施和各控制参数的监护工作，确保装置安全生产。

（4）严格控制产品质量，努力提高产品内控指标合格率。搞好清洁生产，确保外排废水合格率。

（5）根据生产要求，指挥外操岗位进行生产操作并确保外操的安全。

（6）严格按规范化要求记录各种报表、交接班日志，并对记录的正确、可靠性负责，同时确保交接班日志内容详细、书写整洁。负责当班的成本核算工作。

（7）熟练掌握本岗位的操作法和事故处理，认真学习各类专业知识，积极参加各种形式的岗位练兵活动，不断提高操作技能。负责落实对学岗人员进行技术指导和操作监护。

（8）做到文明生产，负责落实好当班操作室卫生，认真做好规格化工作。

（9）完成值班长交给的其他工作。

## 四、外操岗位职责

（1）提前 10 分钟到岗，并进行班前检查，向值班长汇报检查情况。参加班前会，接受值班长的工作安排，做好岗位对口交接。下班时，接班人员签名后，方可离岗，并参加班后会。

（2）严格执行岗位操作法、工艺卡片和各项技术规程，加强与班长、主操的联系，配合主操把各项工艺参数控制在最佳范围内，搞好系统优化和节能降耗工作。

（3）杜绝一切违章作业和误操作。认真执行"巡回检查制"，做到装置现场 24 小时巡检不断人，及时发现并处理各类事故隐患和设备缺陷，并立即通知主操和值班长。

（4）做好故障设备、管道及机泵检修前的置换清洗工艺处置交出工作，同时做好相应的防范措施和运行设备的维护工作，确保装置安全生产。

（5）严格控制产品质量，努力提高产品内控指标合格率。搞好清洁生产，确保外排废水合格率。

（6）认真完成主操分配的工作和任务，服从值班长的指挥进行生产操作和事故处理。

（7）严格按规范化要求记录各种报表、交接班日志，确保记录的正确性和可靠性，同时确保交接班日志内容详细、书写整洁。

（8）熟练掌握本岗位的操作法和事故处理，认真学习各类专业知识，积极参加各种形式的岗位练兵活动，不断提高操作技能。做好对学岗人员的技术指导和操作监护。

（9）严格按"设备自主维护基准书"维护设备，认真做好设备的维护保养工作，最大程度地减少设备故障和缺陷的发生。

（10）及时消除跑、冒、滴、漏现象，保持装置现场的整洁，做到文明生产。

（11）完成值班长交给的其他工作。

# 五、分析工正常班岗位职责

（1）在分析班长的领导下，负责化验室分析记录的检查、验收、归档工作。

（2）负责档案的整理、分类、排列、编号、装订工作。

（3）协助分析人员按时完成规定的取样、留样及各项临时性工作。

（4）监督化验室取样装置的正常运行，同时准确及时地整理原材料及成品化验记录，严格执行密码校对制度，认真做好交接班工作，并按时参加每天一次的质量碰头会。

（5）上班时应经常深入车间巡回检查，了解生产和质量情况，发现质量不稳定或质量指标完成不好时，应协同分析人员分析原因，并采取措施，迅速解决。

（6）负责技术组的管理工作，当在班分析人员出现空缺时，自觉代理其工作。

# 六、分析工运行岗位职责

（1）要求熟知本岗位的分析项目及控制指标，熟练掌握检验方法、仪器的使用及仪器的维护保养，严格遵循检测频次和取样规定，严格执行分析操作规程。

（2）做好仪器使用的各项准备工作，正确使用仪器设备，保证实验质量，快速准确地进行检验分析，将计算分析结果按数值修约，认真、仔细地填写分析报告单，如有异常情况，应及时向有关负责人汇报。

（3）加强仪器分析的学习，做到"四懂三会"，不断提高业务水平。

（4）化验分析人员在工作中必须严格依照有关质量检验标准进行取样、检验记录、计量或判定等，严禁擅自改变检验标准和凭主观下结论。

（5）必须及时完成各项检验任务，按照分析员的"三及时"（及时取样、及时分析、及时报告结果）、"五准确"（采样准确、仪器试剂使用准确、分析操作准确、计算结果准确、报出结果准确）的要求，公正、及时、快速、准确地完成各项应该完成的分析检验任务，在工作质量上应该精益求精。

（6）化验人员必须随时做好并保持各检验室（包括设备、台面、门窗、地面等）的清洁卫生工作，玻璃仪器用完后必须按规定清洗干净放置，工作时应按规定着装。

# 第二节　巡回检查制度

（1）服从值长的指挥，认真执行以岗位职责为中心的各项制度。

（2）按规定着装，持安全作业证上岗；坚守岗位，严守各项纪律。

（3）按时认真进行巡回检查，及时发现工艺、设备的各类隐患，确保安全生产。

（4）精心操作，稳定工艺，发现不正常现象时应积极查找原因，采取措施确保工艺稳定运行。

（5）各岗位负责参照工艺技术规程工艺卡片的要求，按照要求相关规定，围绕关键、重点部位，提出巡检路线和巡检点报生产部审核。

（6）各岗位按岗位实行巡检挂牌制（或智能巡检打卡制）。检查点注明检查内容、时间、路线。

（7）各岗位巡检人员必须按规定时间、路线、内容，每到达一个巡检站点，对本岗位所述的设备、仪表、工艺流程、运行参数、生产态度等进行认真细致的检查，并将巡检的内容按规定进行确定，对工序点要重点检查，关键参数必须实时记录，发现问题及时汇报处理，并按规定做好巡检记录。

（8）不同段巡检人员应把握岗位需要，应携带相应工具，操作工需携带防爆通信工具、多用扳手、可燃气体报警仪等必要工具，钳工等机修人员携带专用工具包等工具。

（9）各岗位巡检人员在巡检中应按"听、摸、看、闻、查"的五学方法进行检查，发现生产设备异常现象，要及时查找故障原因，采取有效措施排除故障。

（10）在检查中发现的重大问题要立即向值班长、车间领导汇报，并采取适当的措施，防止事故扩大。

（11）各岗位巡检人员对在巡检中发现的问题、处理过程、存在的问题、经验和教训，都必须向值班长汇报，并填写在本岗位交接班日志上。

（12）巡回检查时间为1小时1次，班组长及各岗位可根据生产实际需要进行单点或双点检查。

（13）各岗位的巡回检查由班组长督查，车间管理人员抽查岗位及班组长的巡回检查，并将检查结果与业绩考核挂钩。

（14）认真及时填写操作记录，做到字体工整，数据准确。

（15）配合检修人员做好检修前的停车、切除（切电）、泄压、置换等工艺处理，参加开车及验收工作。

（16）做好设备、仪表的维护保养，严格执行润滑油管理"三级过滤、五定"制度。

搞好设备及操作室的卫生。管好消防、气防、通信器材及工器具。

（17）交接班要详细交接清楚，并执行签字交接班。在生产不正常时，交接班协调处理好后，交接班者方可交接。

（18）有权制止违章，制止非本岗位人员乱动阀门、仪表及电气设备。由于操作人员失职和违反操作规程、安全技术规程等规章制度而发生事故，操作人员应对发生的事故负责。

巡回检查表见表 6-1。

**表 6-1 巡回检查表（工作期间每天检查一次）**

| 检查部位 | 检查事项及要求 |
| --- | --- |
| 裂解气生成及压缩 | 各机泵卫生干净 |
| | 各机泵润滑油无乳化现象，油位在油箱的 1/3～2/3 处 |
| | 管网、阀门完好无泄漏、无冻凝 |
| | 备用动设备按规定盘车、备用完好，可随时启动 |
| | 按要求时间巡回检查 |
| | 装置区域卫生干净（包括设备） |
| | 机泵无异常声音、振动，机封无泄漏 |
| | 泵房地净、窗明、无杂物 |
| | 压力容器附件（压力表、液位计、排凝阀、安全阀）完好齐全 |
| | 各容器液位控制在 50%～60% |
| | 运转设备地角螺栓无松动 |
| | 预热炉、裂解炉各点压力符合工艺卡片 |
| | 预热炉、裂解炉各点温度符合工艺卡片 |
| | 检查天然气预热炉 A-F-Z、氧气预热炉 A-F-Z 内的压力，出口原料气的温度，通过观察孔检查炉内火焰及预热炉管的颜色 |
| | 检查燃烧室冷却水循环槽、燃烧室冷却水压送罐的现场液位、压力 |
| | 各点压力、温度符合工艺卡片 |
| 乙炔提浓及溶剂再生 | 各机泵卫生干净、整洁 |
| | 各机泵润滑油无乳化现象、油位在油箱的 1/3～2/3 处 |
| | 备用动设备按规定盘车、备用完好，可随时启动 |
| | 管网、阀门完好无泄漏、无冻凝 |
| | 压力容器附件（压力表、液位计、排凝阀、安全阀）完好齐全 |
| | 装置区域卫生干净（包括设备） |
| | 按要求时间巡回检查 |
| | 运转设备地角螺栓无松动 |
| | 各点压力、温度正常 |
| | 各机泵卫生干净、整洁 |

| 检查部位 | 检查事项及要求 |
|---|---|
| 溶剂处理 | 各机泵润滑油无乳化现象、油位在油箱的 2/3 处 |
| | 装置区域卫生干净（包括设备） |
| | 压力容器附件（压力表、液位计、排凝阀、安全阀）完好齐全 |
| | 运转设备地角螺栓无松动 |
| | 备用动设备按规定盘车、备用完好，可随时启动 |
| | 各点压力温度符合工艺卡片 |
| | 各容器液位控制在 50%～60% |
| 乙炔增压及净化 | 各机泵卫生干净、整洁 |
| | 备用动设备按规定盘车、备用完好，可随时启动 |
| | 各个容器按时排凝 |
| | 各机组油质符合要求 |
| | 各机组卫生干净、整洁 |
| | 管网、阀门完好无泄漏、无冻凝 |
| | 按要求时间巡回检查 |
| 压机泵 | 备用动设备按规定盘车、备用完好，可随时启动 |
| | 各个容器按时排凝 |
| | 压力容器附件（压力表、液位计、排凝阀、安全阀）完好齐全 |
| | 装置区域卫生干净（包括设备） |
| | 操作记录填写规范、整洁 |
| | 工具柜干净、整洁、无杂物、对号摆放 |
| | 操作室卫生干净、整洁 |
| | 操作人员不迟到、早退、串岗、脱岗、睡岗 |
| 各操作室 | 操作人员穿戴整齐、持证上岗 |
| | 操作人员认真执行润滑油的三级过滤 |
| | 现场电器仪表完好 |
| | 操作人员认真执行 A 级控制点 |
| | 消防器材附件完好，不超期使用，保持卫生干净 |
| | 运转设备安全防护罩完好 |
| 安全检查 | 装置所有设备设施的防雷防静电接地牢固 |
| | 装置所有设备及管线无泄漏现象 |
| | 压力容器附件（压力表、液位计、排凝阀、安全阀）完好齐全 |
| | 进行高空作业、有限空间作业、动火作业必须办理工作票 |
| | 交接班时对本岗位的安全隐患进行交接直至消除 |
| | 各种电气设施、防爆绝缘设施完好 |
| | 装置安全防护设施完好无损 |
| | 装置的现场可燃气体、有毒气体检测仪灵敏可靠 |
| | 装置的安全警示牌完好，标识清楚 |
| | 班组按时开展安全活动、安全活动记录齐全 |
| | 劳动保护用品（护目镜、防酸碱手套、防毒口罩）落实到位 |

# 第三节　交接班制度

（1）接班人员必须提前十五分钟到达本岗位。

（2）上岗前必须按规定穿戴好劳保用品，做好上岗准备。

（3）接班前由班组长召开班前会，并进行考勤考核。

（4）认真检查本岗位的设备运行和生产情况。

（5）当班人员必须在规定的记录本上填写好设备运行、点检和生产等情况，并要求字迹清楚，记录齐全。

（6）必须将工具、仪表、备品备件和有关资料如数按规定位置摆放整齐。

（7）做好岗位辖区内文明卫生工作。

（8）做好设备维护和生产准备工作，为下一班生产创造条件。

（9）领导的指令或上级来检查的情况。

（10）认真交接以下内容：

A. 设备运行情况及主要参数。

B. 当班的重点工作进展情况。

C. 需要提醒下班注意安全生产的重点事宜。

D. 本班生产过程中发生的大小事故及安全隐患。

E. 安全保护设施是否有异常情况。

F. 工具、消防器材及室内卫生情况。

G. 上一班的生产工艺和工作程序以及生产（工作）任务完成情况。

H. 对下一班的工作、产品质量要求与具体技术措施。

I. 生产工具、备品备件所处状态、数量以及设备运转和使用情况。

J. 本班人员的出勤情况和未出勤原因。

K. 安全生产的要求和措施，是否发生事故，发生事故的原因和处理情况。

L. 各级领导对安全生产、设备维护的要求和有关通知。

M. 生产、设备维护的原始记录和注意事项。

（11）交接班过程坚持：重要部位点对点交接，重要数据一个一个交接，重要工作一件一件交接。

（12）交接班应坚持做到：资料数据记录不全不准交接，特殊工种岗位不交给无证上岗者及劳保用品穿戴不全者，正在处理事故或故障时不交接。

（13）交接班时要严肃认真，对交接班人发现的问题要及时进行整改，在交接班前发现的问题由交班方负责，接班者验收合格后交班方才可离去。

（14）交班完毕后，对发现的大小问题，一律归接班人员负责，交班人不负任何责任。

（15）交接班后，双方未签字或问题未处理完不能离岗。

（16）交班人员未交代上班次的设备运行参数、参数记录表记录不详细，接班人员可以拒绝接班。

（17）交接前、接班后，要认真进行检查，做好交接班工作，落实下一班计划，上一班为下一班工作打好基础。

（18）坚持在作业现场交接班，坚持"三不走"制度：接班者未到不走、数字不清不走、交接不清不走。

（19）交接货物堆存计划，装卸车计划，货运单据、资料，货物收发、保管数量、质量及要求，库场设备、备品使用和要求，上级指标和有关部门的意见。

（20）凡上一班未处理完的问题，未完成的工作，下一班要负责继续处理完成，交接班不清由上班负责，接班后不继续处理由下班负责。

（21）交接前发生的问题由上班负责，交接后由接班负责。

（22）做好书面交接班工作，向上级反映情况和分清责任。

# 第四节　设备维修保养制度

（1）操作人员对使用的设备应达到应知、应会水平。对装置内所操作的设备应做到"四懂"，即懂性能、懂结构、懂原理、懂作用；"三会"，即会使用、会维护保养、会排除故障。严禁设备超温、超压、超负荷、超速运行。

（2）严格执行设备开停车操作步骤，做到启动前认真准备；启动中反复检查；运行中搞好调整；开停车后妥善处理；认真执行专机负责制；台台设备落实到人；对主要设备做到点检制，并做好检查记录。

（3）备用机泵每月盘车，540°一次，标志线为双色或联轴器上有标线，以便检查是否盘车。同时做好记录。备用泵每月切换或启动一次，冬季室外泵和其他设备管线注意采取防冻措施，防止冻裂。

（4）严格执行设备润滑制度，做到"五定""三级过滤"，定期检查和更换润滑油并做好润滑油记录。

（5）严格执行润滑油管理制度，润滑器具干净、齐全、完好。定量摆放，专油专用，各级过滤网规范，无破损。

（6）认真执行划分区域、责任到岗的管理办法，积极开展无泄漏活动，使装置内的设备、管道、油漆、保温完整，并做到场地清洁无泄漏。

（7）设备有不正常的情况时，操作人员应及时检查原因，在紧急的情况下应采取及时果断措施或立即停车，并通知值班长和有关岗位，不查清原因，不排除故障，不能盲目开车。

（8）按规定的时间、地点、内容、路线进行设备巡回检查。

（9）执行情况由车间设备员及其他管理人员监督，检查结果与业绩跟绩效考核挂钩。

## 第五节　质量负责制度

（1）每个岗位人员要熟知本岗位的质量和要求、工艺操作指标，严格按操作规程、工艺要求进行平稳操作，认真执行巡检制度及工艺纪律，确保装置操作平稳，车间主要领导技术人员对工艺纪律和操作纪律行为情况进行监督检查。

（2）充分发挥班组兼职能源核算员作用（值班长），经常进行质量教育督促操作人员严格按操作规程操作，确保供下游产品达到规定指标。

（3）出现质量问题时严格按生产过程中不合格产品控制程序的要求解决。

（4）班组长对本班产品质量负责，推行全面质量标准和 ISO 9000 标准要求，对产品质量过程进行有效的控制，组织好本班的小组活动。

（5）执行情况由车间工艺员及其他管理人员监督检查，检查结果与业绩考核挂钩。

## 第六节　安全环保生产责任制

（1）负责本岗位的安全生产，认真履行安全环保职责，做到安全环保工作人人有责。

（2）认真学习和严格遵守人身安全十大禁令、防火防爆十大禁令，防止各类泄漏。

（3）严格遵守本岗位的安全工作规程，严格遵守劳动纪律、操作纪律、工艺纪律、施工纪律和工作纪律。

（4）按规定穿劳保服、劳保鞋，戴安全帽、劳保手套，认真进行作业危害识别，做好自我防护，防止事故发生。

（5）应用 HSE 风险和环境因素评价方法，正确操作，正确分析处理各种异常状态，在发生事故时及时向上级报告，并按事故预案及时处理，做好记录。

（6）熟知本岗位的主要危险因素及防范措施，正确操作，精心维护设备及妥善保管，保证各种防护器具和消防器材完好并能正确使用，保持器具作业环境整洁。

（7）积极参加各种安全环保活动和对本岗位基层单位安全环保工作提出意见和要求。

（8）有权拒绝违章作业的指令，对他人的违章作业加以劝阻和制止，正确使用停车作业卡。

（9）执行情况由车间主要领导及其他管理人员监督检查，检查结果与业绩跟绩效考核挂钩。

# 第七节 文明生产制度

（1）上岗人员要统一着装，持证上岗、礼貌待人，讲文明话、做文明事，不嬉戏打闹、不吃零食、不乱写乱画，不看与工作无关的书刊等。

（2）要建立卫生值日制度，做到制度落实、任务落实、人员落实。分工管辖的卫生区域一日一清除，每周大扫除。

（3）各岗位负责的设备要坚持每班擦一次，达到"四个一样好"，即室外设备管理与室内设备管理一样好，大设备管理与小设备管理一样好，上面设备与下面设备管理一样好，备用设备与在用设备管理一样好。设备与管道保温层完整无破损，油漆完整无脱落，着色一致，符合标准。

（4）生产（工作）现场做到场地平整，盖板齐全，清洁卫生做到不见果皮、纸屑、杂物，无垃圾、无油污、无废料、无死角，施工检修现场做到文明施工、文明检修，各种物料堆（摆）放整齐。

（5）工作控制室、交接班室、更衣室保持整洁。做到门窗玻璃齐全干净，桌椅箱柜完好无损，墙面白净，地面清洁，无油污；做到物品摆放整齐，柜顶、桌上无杂物；工具箱开门见数，对号入座，清洁整齐，方便使用，室内随脏随扫。

（6）清扫场地，除规定的特殊岗位外严禁用水冲洗，坚持扫帚扫、拖布擦。

（7）保护环境、消除污染，不乱排乱放废气、废液及有害物料。岗位制度、安全警示牌、巡回检查牌、设备包机牌、工序管理图表、劳动竞赛表、公开考勤表摆放整齐、清洁美观。

# 第八节 装置内润滑油管理规定

（1）润滑设备必须严格执行"三级过滤"和润滑"五定"。

（2）保持润滑柜及润滑工器具干净整洁，并严格执行交接班。

（3）润滑设备的油窗及油杯油位保持在 $1/2\sim2/3$ 之间，补油后保持设备润滑附件干净整洁。

（4）如有发现润滑设备油品变质，需及时更换润滑油。

（5）压缩机油站液位不能低于低报警值。

（6）操作人员及时准确填写润滑记录。

（7）设备管理员每周五检查润滑柜内油品存量，及时补充润滑柜内油品。

（8）设备管理员及时做好润滑油的领取和废油退库工作，并建立领、退油台账。

（9）操作工每周一、四对裂解炉刮炭棒填料处注油润滑。

（10）操作工每周三对浓硫酸输送泵进行注油润滑，每周三、六对炭黑装置计量泵、螺杆泵进行注油。

（11）操作工每月 15 日对 C600 前后轴承注油润滑。

（12）操作工每月 1 日对气柜导轮、导轨进行润滑。

（13）操作工按照《设备润滑基准书》进行设备润滑，如有漏油设备进行挂牌并视情况对设备进行润滑。

（14）每年大检修更换机泵、变速箱润滑油。

# 第九节　装置内防冻保温管理规定和防冻、防凝措施

## 一、防冻保温工作范围

### 1. 塔器

冬季停运的设备，各班组将自己区域内停运的设备内水放净。

### 2. 动设备

装置内的停运设备防冻以工艺班组为主。凡是自启泵必须投用电伴热，非自启泵根据介质做好相应的防冻措施。

### 3. 管道

各班组负责各自系统内的管道。

### 4. 仪表、自控阀门

由运行班组负责各班组系统内所有仪表、自控阀的防冻保温，仪表班组为辅。

### 5. 电伴热

由运行班组与机电仪共同负责各班组系统内所有电伴热的检查维护，各班组负责各自区域内的电伴热巡检，机电仪负责对有问题的电伴热进行维修。

### 6. 责任落实

车间一旦发现管道、阀门、设备冻坏，按造成的损失大小，由该区域内的责任班组负主要责任，相关专业负次要责任，车间按考核制度进行考核。

### 7. 冬季防冻保温注意事项

（1）盲头死角，这些是非常易冻的，即使保温了，也有可能冻，注意检查。

（2）注意物料的性质，核实管线中走哪些物料，凝固点是多少，根据需要进行保温处理。

（3）伴热，对于凝固点低的物料就必须投用伴热。

（4）备用设备及检修设备，此类设备由于工艺介质不流通或者排放不干净，容易上冻，对此类设备要重点检查，检查频率要高。

（5）对于仪表空气需定期排凝，冬季必须对仪表空气定期排凝，否则易冻。

（6）对于历年来冻堵事件加强学习，对于员工加强培训。

## 二、防冻保温制度

（1）各工艺班组按区域划分做好各自区域内的伴热、保温的查缺补漏工作，要求在入冬前（10月20日以前），各岗位人员要对本单元的设备及管线的伴热、保温进行一次全面检查，检查的问题及时反馈车间，及时处理，做到每条管线、设备的伴热、保温必须完好并随时可以投用。

（2）严把伴热、保温的施工质量关，要求机电仪人员在施工过程中做好质量自查，做到施工中不损坏电伴热。工艺组10月20日至次年春季做好所辖区域内的防冻工作。

（3）各班组必须将各自防冻工作落实到人头，落实防冻安全措施，建立防冻巡回检查制，制订防冻保温方案，并明确检查内容。

（4）冬季工艺人员在巡回检查中，要增加防冻、防凝的内容，做到每班至少两次对装置每条管线、设备进行防冻防凝检查，重点检查电伴热是否正常，对容易发生冻、凝的部位要增加巡检次数，及时处理发现的问题。

（5）装置在冬季临时检修时，要对易冻、易凝的设备、管线进行防范处理，防止在检修过程中发生冻凝事故；在检修后要将破坏的保温按照设计标准立即恢复。

（6）停用的设备、管线与生产系统连接处要加好盲板，并把积水排放、吹扫干净。露天闲置的设备和敞口设备，防止积水积雪结冰冻坏设备。露天设备须增加巡回检查，需盘车时必须使用热水预热机封后盘车。

（7）凡生产和生活及临时停运的设备、水汽管线、控制阀门要有防冻保温措施，存水排放干净或采取维持小量长流水、小过汽的办法，达到既防冻又节约的要求。停水停汽后一定要吹扫干净。

（8）低温处的阀门井、消火栓、管、沟要逐个检查，排尽积水。

（9）严寒季节应加强对电源电线的维护保养和巡查。

（10）存放精密仪器、仪表、化学药品的房间，应指定专人调节室温，搞好防冻工作。

（11）严禁用高压蒸汽取暖，严防高压蒸汽串入低压系统。高、低压蒸汽回水管不准互相串通。蒸汽取暖的暖气片管线上要设置减压阀，减压阀用的压力表要校验合格，暖气片要通汽试漏后方可使用。

（12）对已经冻结的铸铁管道、阀门等不得急剧加热，只允许用温水或少量蒸汽缓慢地解冻，以防骤然受热损坏。

（13）各种排水应排入下水道或不影响车辆人员通行、不影响施工的地方。有人通行的架空管道和屋檐下的冰溜子要随时打掉。

（14）凡进行登高作业，必须清除工作场所所有的积水、积雪、积冰后方可进行。

（15）注意原料、辅助原料的库存状态。

（16）加强报告制度，有情况应立即汇报领导和上级部门。

（17）仪表伴热出现问题时，及时联系工艺，打手动或摘联锁，保证生产运行正常。

（18）不能及时处理的伴热问题，要求做好记录，并有整改方案和事故预案。

（19）在进入冬季之前，仪表组配合施工队做好防冻保温的包棉工作，再将电伴热投运。

（20）仪表组成员将每个自控阀门、每块仪表、在线分析取样口、在线分析废水管线的电伴热是否正常运行逐个排查一遍。

（21）进入冬季后，仪表组成员分四组，装置区分成四个片区，每天巡检一遍，电伴热有问题的及时汇报，联系机电仪电气班的工作人员以最快的速度将问题处理。

（22）运行的设备为重点检查对象，增加巡检频次。检修设备过程中做好检修设备的防冻保温。检查连接设备的工艺管线上的阀门是否完好，盲板是否就位。

（23）凡是备用泵必须投用电伴热，根据工艺介质做好相应的防冻措施。备用设备需要重点检查泵壳、泵体及机械密封部位温度否正常，对非自启泵每班盘车一次，看是否盘车正常，如有异常及时处理并做好记录上报车间。

（24）车间管理人员每周至少检查 2 次，检查措施落实情况并负责考核。

## 三、防冻、防凝措施

（1）冬季防冻防凝工作是确保安全生产的主要手段，为严防一切冻凝事故的发生，根据当地冬天特点防冻防凝工作应提早准备进行。加强对易冻、易凝物品的收、送使用与管理，遵守规章制度，以达到保证安全生产的目的。

（2）入冬以前，对装置进行一次全面检查，做好装置过冬准备工作，如设备和管线内保温蒸汽伴热，设备管线、阀门是否有死角及疏水阀排凝情况是否通畅，门窗、玻璃、暖气等。

（3）冬季停用的设备和管线，必须首先用蒸汽扫净，不能用风扫的设备和管线，必须把低处排凝阀打开，把存水放掉。

（4）冬季临时停用的设备，必须保证回水或蒸汽微量流通，避免冻凝管线。

（5）在冬季操作中，主蒸汽线、上水及回水管线、伴热线上的疏水阀，根据气温情况，微开阀门，防止冻坏阀门和管线，疏水器保持畅通好用。

（6）各处消防蒸汽线的排凝阀或放空阀，应微开排汽，防止冻凝，所有的灭火器冬季均应放在室内。

（7）对装置的工业风、仪表风、氮气，在风包处脱水，并用本身介质吹扫管线，应加强检查切水工作，对各处的排汽的胶皮管应接至下水井排凝。

（8）若发现阀门有冻结现象而开不动时，特别是铸铁阀，禁止用扳手、钩子等敲击，应先把开关关闭，再用蒸汽吹暖热（或用水暖热）后再开。

（9）所有地下管道，均应埋设离地面 1.5m 以下，并保持经常流动，各处排水井、道沟、消防水井盖板均应盖严。

（10）在冬季各工艺管线的伴热线任何时候均要通汽通水，并保证畅通，通向大气的冷凝液水管及排水阀，要采取微量排汽、排水法。

（11）对临时不用的机泵，在冬季也应给少量冷却水，以防冻坏设备。

（12）装置冬季停汽停水时，应用风将所有蒸汽线、水线彻底吹扫干净，并与装置外总线隔绝，或在适当地方排出。

（13）冬季停工期间，各加热设备、管线伴热线，各蒸汽一般均应继续微量给汽，各冷却器循环水线打开连通阀，冷水线也一般继续微量通水，使管线疏通，防止冻结管线。

（14）冬季里可视早、晚及气温状况来调节蒸汽及水排空程度，并经常检查，不能一劳永逸。

（15）发现仪表伴热线有问题时，及时通知仪表工进行处理。

（16）蒸汽管线、脱氧水线引介质时要缓慢，严防管线水击，同时在所有排空阀处排蒸汽凝结水，阀稍开，外排蒸汽。

（17）其余防冻措施按正常开工进行，加强防冻凝巡回检查，搞好平稳操作，安全生产。

# 第七章 仪表控制系统操作技术

## 第一节 DCS 集散控制系统概述

### 一、 DCS/SIS 系统功能描述

乙炔二车间 DCS 系统采用西门子 PCS7 系统，包括 5 套 DCS 控制器和 3 套 SIS 控制器。5 套 DCS 控制器分别控制 5 个不同的工艺单元，包括：部分氧化 A 单元和氧化 B 单元、提浓和净化单元、溶剂再生装置单元、溶剂处理及酸碱处理单元和公用工程单元。3 套 SIS 控制器分别控制部分氧化 A 单元、部分氧化 B 单元、其余单元。各工艺单元对应的操作员站可以监视、操作本单元内的所有数据。

乙炔二车间 DCS 系统主要设备有：2 台 OS 冗余服务器（SRV），2 台 DCS 工程师站（ENG），2 台 SIS 工程师站（ENG），6 台 DCS 操作员站（CLT），1 台 OPC 服务器（OPC），系统机柜等。

DCS 内部通讯由 SIEMENS 工业级以太网交换机 SCALANCE X212 构成两级数据传输最高速率为 1Gbit/s 环形网络——系统总线与终端总线。在环形网络的某一个节点出现故障时，环形网络会在 0.3s 内重建通讯通道。

系统中的 DCS 工程师站对应 DCS 控制器进行工程操作，SIS 工程师站对应 SIS 控制器进行工程操作，操作员站提供具体系统监控和数据归档功能。

根据 SIS 系统必须独立的安全要求，2022 年将二期乙炔 DCS/SIS 系统进行升级，将 SIS 系统与 DCS 系统拆分，部分硬件配置及功能发生改变。

DCS 系统的网络结构分为 3 层：控制器层、系统网络层、终端网络层，如下图所示。

控制器层：通过现场总线层实现对现场仪表的监测和输出控制。

系统网络层：所有现场控制器、服务器、工程师站通过系统网络连接到一起。

终端网络层：所有客户机/操作员站、服务器通过终端网络层连接到一起，客户机/操作员站通过服务器获得控制器层的数据并将操作员指令传达到控制器。

权限设置划分为三个不同级别的操作用户组，即操作员、工艺工程师和仪表工程师级别，权限设置具体如表 7-1 所示。

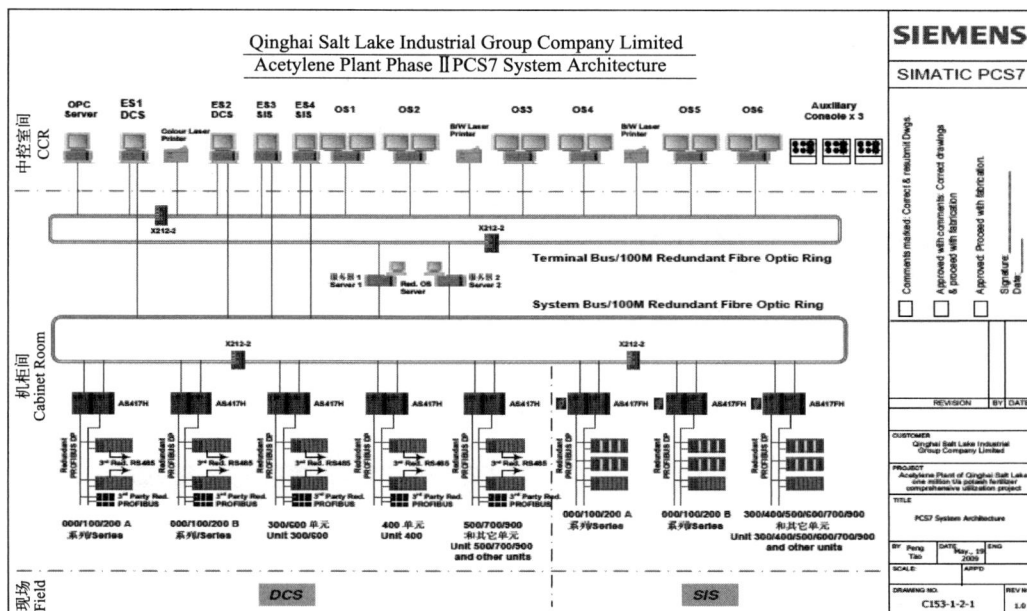

表 7-1　系统权限分配

| 功能 | 描述 | 监视权限 | 操作员权限 | 工艺工程师权限 | 仪表工程师权限 |
|---|---|---|---|---|---|
| User administration<br>用户管理 | 调用用户管理员,进行更改 | | | | YES |
| Authorization for area<br>区域权限 | 变更区域 | YES | YES | YES | YES |
| System change<br>系统切换 | 变更系统状态 | | | | YES |
| Monitoring<br>监控 | 显示工厂状态 | YES | YES | YES | YES |
| Process controlling<br>过程控制 | 变更过程值 | | YES | YES | YES |
| Higher process controlling<br>高级过程控制 | 变更/设置参数 | | | YES | YES |
| Report system<br>报表系统 | 启动报表编辑器 | | | | YES |
| Archive controlling<br>存档控制 | 对存档数据进行备份 | | | | YES |
| System<br>系统 | 系统功能,如退出 WinCC,仿真 | | | | YES |

## 二、操作界面说明

操作员站是对所有用户的物理画面接口。操作员对工艺流程的大部分控制操作是通过操作员站进行的。操作员控制画面分为如下 3 个区域：总览区域、工作区区域、系统功能按钮区。

### 1. 总览区域

总览区域（overview area）（图 7-1）是固定的，不随工作区区域的变化而变化。它给出了整个系统的总览、日期、时间、用户登录账号和单独的信息行。

图 7-1　总览区域

（1）"报警/信息栏"（图 7-2）：显示最近的报警。

图 7-2　报警/信息栏

（2）"报警/信息确认按钮"（图 7-3）：用于确认当前信息行所显示信息的按钮。

（3）"区域选择按钮"（图 7-4）：在工作区中显示所选区域画面。按钮的名称对应于在首层图片树管理器中组态的画面的区域名称。

（4）"组状态显示"（图 7-5）：该按钮显示相关层级中报警状态，通过点击按钮，可以打开包含报警源的画面。

（5）"树层级展开按钮"（图 7-6）：该按钮展开相应的层级结构。

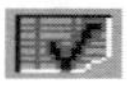

图 7-3　报警/
信息确认按钮　　　　　图 7-4　区域
　　　　　　　　　　选择按钮　　　　　图 7-5　组状态显示 　　　图 7-6　树层级
　　　　　　　　　　　　　　　　　　　　　　　　　　　　　　　　展开按钮

（6）"层级展开窗口"（图 7-7）："＋"和"－"打开或关闭扩展层级导航栏。

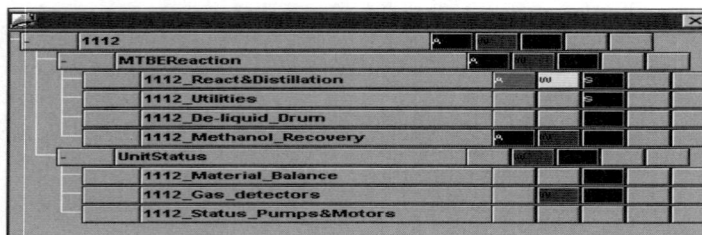

图 7-7　层级展开窗口

（7）"当前日期/时间"（图 7-8）：以数字格式显示日期和时间。

（8）"打印按钮"（图 7-9）：利用电脑默认的打印机打印当前屏幕内容。

图 7-8　当前日期/时间 　　　　　　　　　　　　　图 7-9　打印按钮

### 2. 工作区区域

工作区（workspace area）显示工厂不同区域的图片。工艺流程在这里被显示、控制和操作。

在工作区显示的图片可以通过总览窗口、图片层中的导航按钮、图片选择对话框或直接的图片选择功能进行选择。

（1）三种类型的图片视窗可以在工作区区域中显示：

① 全屏视窗——工厂工艺流程图。

② 系统视窗——标准 PCS7 的小视窗。

③ 弹出视窗——例如：显示仪表或子流程的详细信息和控制性能的面板。

（2）流程画面切换方式：流程画面的切换遵循方便、快捷的原则，画面之间的切换可以通过以下几种方式实现。

① 流程图中边缘管道的两端显示箭头来指示各种介质的来源和流向，通过箭头按钮 ⇨ 链接到其他流程图。

② 流程画面中特定的按钮直接指向需切换的目标画面。

③ 总览区域中的工厂层级按钮。

④ 按钮区域的画面选择按钮。

⑤ 按钮区域的画面导航按钮。

### 3. 系统功能按钮区

（1）系统功能栏显示所有系统标准按钮（图 7-10、图 7-11）。

图 7-10　键集合一

图 7-11　键集合二

（2）标准按钮功能如表 7-2 所示。

表 7-2　标准按钮功能列表

| 序号 | 按钮 | 描述 |
| --- | --- | --- |
| 1 |  | 运行系统登录 |
| 2 |  | 报警消息显示窗口 |

续表

| 序号 | 按钮 | 描述 |
|---|---|---|
| 3 |  | 显示报表 |
| 4 |  | 历史趋势系统 |
| 5 |  | 通过位号选择显示该位号所在图片 |
| 6 |  | 通过图片名称选择某一图片 |
| 7 |  | 通过总览区的图片树进行图片选择导航 |
| 8 |  | 返回上一个画面 |
| 9 |  | 调用储存的图片 |
| 10 |  | 保存当前画面,通过按钮9进行调用 |
| 11 |  | 存储、重调和删除图片 |
| 12 |  | 显示工厂网络组态 |
| 13 |  | 显示当前画面信息 |
| 14 |  | 消声 |
| 15 |  | 确认当前界面上显示的报警和消息 |
| 16 |  | 语言切换 |
| 17 |  | 在线帮助 |
| 18 |  | 启动批处理 |
| 19 |  | 打开SFC(顺控)查看器 |
| 20 |  | 数据存储组态 |
| 21 |  | 打开用户管理界面 |
| 22 |  | 退出运行系统 |

（3）操作员通过以下按钮集"消息按钮列表"（图7-12）来实现标准消息列表

选择。

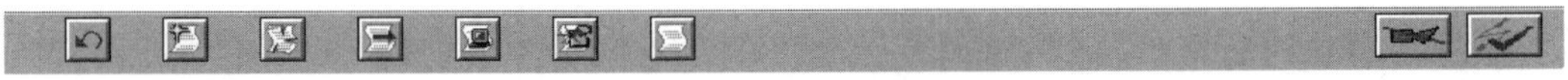

图 7-12　消息按钮列表

（4）消息按钮列表功能说明如表 7-3 所示。

表 7-3　消息按钮列表功能说明

| 序号 | 按钮 | 功能描述 |
|---|---|---|
| 1 |   | 退出报警功能，返回前一画面 |
| 2 |   | 发生报警列表—未确认 |
| 3 |   | 已确认报警列表 |
| 4 |   | 离开报警列表—未确认 |
| 5 |   | OS 过程消息、预防性维护消息 |
| 6 |   | 操作员输入列表—所有的操作员输入消息 |
| 7 |   | 日志列表 |

（5）所有的报警页面均具有如下的格式（图 7-13）。

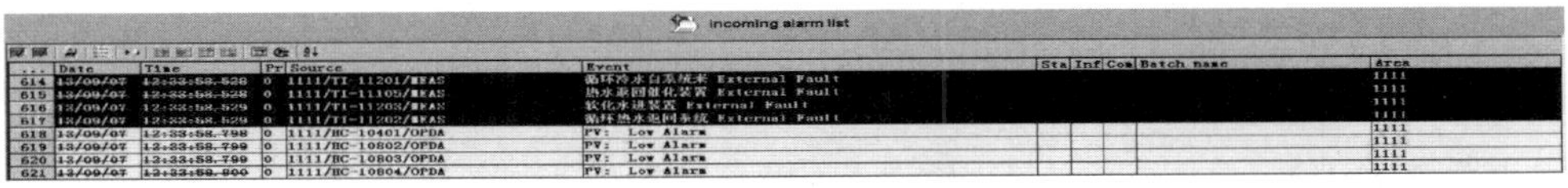

图 7-13　报警页面实例

（6）报警项目功能描述（表 7-4）。

表 7-4　报警项目功能描述

| 项目 | 描述 |
|---|---|
| Date | 消息发生、离开和确认的日期 |
| Time | 消息发生、离开和确认的时间 |
| Source | 消息源 |
| Event | 消息类型的描述 |
| Status | 消息状态 |
| Type | 消息类型 |
| Info | 额外的信息文本 |
| Comments | 操作员的备注 |
| Batch name | 青海盐湖乙炔项目中未应用 |
| Area | 消息所属的工厂层级 |

（7）趋势图显示实例见图 7-14。

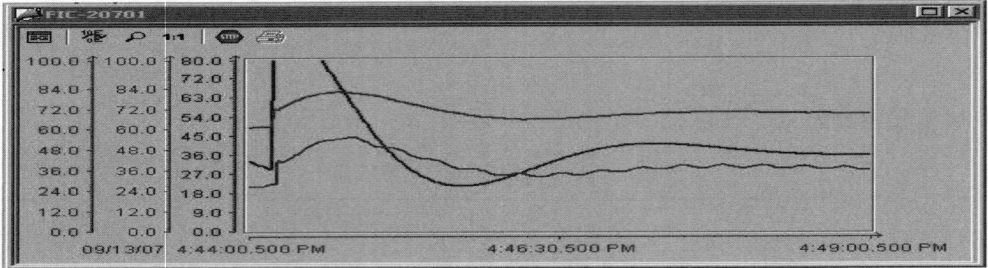

图 7-14　趋势图显示实例

　　操作员可以通过"组态趋势图"按钮创建和存储用户选择位号的趋势图。打开对话框，现存的趋势图可以显示、编辑或删除，新的趋势图可以被组态。趋势图的组态是通过选择显示位号和对话框中的显示选项来实现的。

　　两种类型的趋势图可以进行组态。"实时"趋势显示选中位号的实时数据。"历史"趋势既可以显示实时数据，也可以显示选中阶段的历史数据。但是，需要显示历史数据的位号必须事先在归档系统中进行定义。

　　同时为了操作员快速地查看历史趋势，系统具有"右键历史趋势"，当操作员鼠标右键点击显示图标，会弹出该仪表位号的当前/历史趋势显示。

### 4. 系统登录操作

　　登录到系统中有两种方法：

（1）通过点击总览区域的矩形框，如上图所示。

（2）通过点击系统功能栏的登录按钮：　。

登录对话框显示如图 7-15 所示。

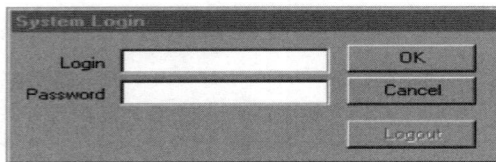

图 7-15　登录对话框

　　输入登录账号和密码，确认进入运行系统。登录账号长度最少为 4 位，密码长度最少为 6 位。

当操作员离开控制室的时候，如要退出系统。通过点击系统登录窗口的退出按钮退出系统。

退出按钮 ，点击系统功能栏的退出按钮选择 Deactivate 退出运行（图 7-16）。

# 三、模拟量监视模块（MEAS_MON）说明

（1）模拟量监视面板：

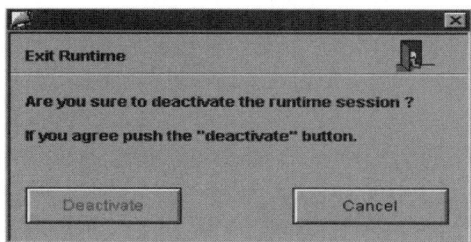

图 7-16　退出登录对话框

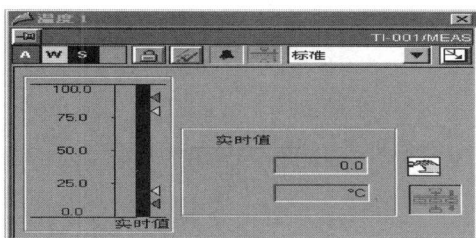

图 7-17　模拟量监视标准面板

（2）从标准面板（图 7-17）中可以获取以下信息：

① 测量的实际值。

② 测量值的单位。

③ 测量值的量程高限（MO_PVHR）和低限（MO_PVLR）。

④ 报警设定值指示：高高报（U_AH）、高报（U_WH）、低报（U_WL）、低低报（U_AL）。

⑤ 测量值的质量代码： 断线； 仿真。

（3）从维护面板（图 7-18）中可以获取以下信息：

① 测量值的量程高限（MO_PVHR）和低限（MO_PVLR）。

② 报警抑制状态。

③ 仿真值和替代值的使用状态。

④ 在系统正常开车时，禁止激活仿真值和替代值功能。只有仪表工程师用户有权限修改仿真和替代设定。

（4）从限值面板（图 7-19）中可以获取以下信息：

① 测量值的量程高限（MO_PVHR）和低限（MO_PVLR）。

② 报警迟滞（hysteresis）设定值。此参数为实际量值，非百分数。当测量值在报警设定值附近波动时，用于降低报警的灵敏度。工艺工程师用户、仪表工程师用户可修改迟滞值。

③ 报警设定值指示：高高报（U_AH）、高报（U_WH）、低报（U_WL）、低低报（U_AL）。操作员用户不能修改报警设定值，工艺工程师用户仅可以修改高报和低报

值，仪表工程师用户可以修改以上所有参数。

图 7-18　模拟量监视维护面板　　　　　　　图 7-19　模拟量监视限值面板

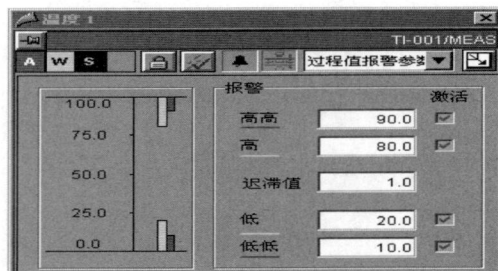

④ 报警抑制状态：高高报（M_SUP_AH）、高报（M_SUP_WH）、低报（M_SUP_WL）、低低报（M_SUP_AL）。

图 7-20　模拟量监视报警面板

（5）从报警面板（图 7-20）中可以获取测量值的报警信息，并对信息进行确认操作。

模拟量监测操作说明见表 7-5。

表 7-5　模拟量监测操作说明

| Display 显示 | Meaning 含义 | Detailed Information 说明 | Related Actions 相关的行动 |
| --- | --- | --- | --- |
| FI-008 0.0 | Warning 高报/低报 | ·当测量值高于所设定的高报值，或低于所设定的低报值时，数值的底色将为黄色闪烁。可以从报警一览中看到相关的报警状态为 C（coming，来）。<br>·当报警发生后，如果一直没有去确认报警，后来测量值恢复正常，数值的底色将一直维持黄色闪烁状态，可以从报警一览中看到相关的报警状态为 G（Gone，消失）。确认之后，数值的底色将恢复正常。可以从报警一览中看到相关的报警状态为 QS（确认）。<br>·如果报警一直存在，在操作员确认之后，数值的底色将固定为黄色。<br>·确认报警之后，报警才消失，数值的底色将恢复正常。<br>·高报在弹出的面板中显示 WH，低报显示为 WL | ·确认报警。<br>·如果测量值在报警设定值附近波动，报警多次发生，可以通过设置 Hysteresis（迟滞）来减少报警的重复性 |

| Display<br>显示 | Meaning<br>含义 | Detailed Information 说明 | Related Actions 相关的行动 |
|---|---|---|---|
| PI-30201-L<br>0.013 | Alarm<br>高高报/<br>低低报 | • 当测量值高于所设定的高高报值，或低于所设定的低低报值时，数值的底色将为红色闪烁。可以从报警一览中看到相关的报警状态为 C(coming，来)。<br>• 当报警发生后，如果一直没有去确认报警，后来测量值恢复正常，数值的底色将一直维持红色闪烁状态，可以从报警一览中看到相关的报警状态为 G(Gone，消失)。确认之后，数值的底色将恢复正常。可以从报警一览中看到相关的报警状态为 QS(确认)。<br>• 如果报警一直存在，在操作员确认之后，数值的底色将固定为红色。<br>• 确认报警之后，报警才消失，数值的底色将恢复正常。<br>• 高高报在弹出的面板中显示 AH，低低报显示为 AL | • 确认报警。<br>• 如果测量值在报警设定值附近波动，报警将会来回发生，可以通过设置 Hysteresis(迟滞)来减少报警的重复性 |
| TI-002<br>27.7 | CSF<br>外部错误 | • 当测量线路发生断线，或测量卡件出现故障时，系统将产生外部错误，测量值的底色为黑色闪烁。可以从报警一览中看到相关的报警状态为 C(coming，来)。<br>• 当报警发生后，如果一直没有去确认报警，后来测量值恢复正常，数值的底色将一直维持黑色闪烁状态，可以从报警一览中看到相关的报警状态为 G(Gone，消失)。确认之后，数值的底色将恢复正常。可以从报警一览中看到相关的报警状态为 QS(确认)。<br>• 如果报警一直存在，在操作员确认之后，数值的底色将固定为黑色。<br>• 确认报警之后，报警才消失，数值的底色将恢复正常。<br>• 外部错误在面板中的显示为 S。并可以在实际测量值的显示框中看到黄色或红色的小扳手 | • 确认报警。<br>• 联系仪表维护人员进行故障排查 |

## 四、累积量监视模块（CNT）说明

累积量图标说明见表 7-6。

**表 7-6　累积量图标说明**

| Type | Block icon | Remark |
|---|---|---|
| @CNT_SC/1 | FIQ-008<br>0　　t | 流量累积 |

累积量标准面板见图 7-21。

在累积量标准面板（图 7-21）中，获取的信息和可执行的操作有：

（1）当前流量累积值及其单位。

（2）当前流量累积的复位方式，手动 Man 和自动 Auto。

（3）在手动复位模式下，只有工艺工程师和仪表工程师用户可以对当前累积值进行清零。

（4）在自动复位模式下，只有程序内部设定的条件达到才能进行累积值的自动清零。

在维护面板（图 7-22）中，可以查看当前是否设置了累积值设定报警提示。

图 7-21　累积量监视标准面板

图 7-22　累积量监视维护面板

# 五、　PID 控制模块（CTRL_ PID）说明

PID 控制分为单回路控制、串级控制、分程控制以及其他一些基于 PID 控制的非典型控制回路。其基本功能块为 CTRL _ PID 功能块。

PID 控制模块动态图标说明见表 7-7。

**表 7-7　PID 控制模块动态图标定义**

| 图标 | 说明 |
| --- | --- |
|  | PID 图标可显示位号、过程值和控制模式等；<br>绿色 A 表示 PID 调节回路处于自动模式正常工作；<br>黑色 S 表示 PID 调节回路测量值或输出有信号故障报警；<br>粉色 C 表示 PID 调节回路设定值采用外给定，通常 PID 处于串级模式正常工作 |

根据 PID 在画面显示类型的不同，有不同样式的动态图标。

PID 标准面板（图 7-23）。

（1）标准面板是 PID 中使用最多的面板，不仅可以获取回路信息，还可以通过该面板对回路进行调节控制。具体信息如下：

① 获取回路测量值（PV）的量程、单位。

② 获取过程值的报警指示信息。

③ 获取当前的调节模式，手动（Man）或自动（Auto）。

④ 获取当前的设定值的给定方式，内部（Int）或外部（Ext）。

⑤ 获取当前设定值（SP）。

⑥ 获取当前输出值（OUT）。

⑦ 测量值的质量代码：断线；仿真。

⑧ 输出值的质量代码：[图标]断线；[图标]仿真。

PID 参数面板 1 见图 7-24。

（2）在 PID 为自动模式的情况下，调节品质与 PID 参数息息相关。常用的参数有：

① Gain：比例系数，数值越大，比例作用越明显。

② TN：积分时间，单位为秒，积分时间越长，积分作用越弱。

③ TV：微分时间，单位为秒，微分时间越长，微分作用越强。

（3）PID 参数面板 2（图 7-25）中常用的参数有：

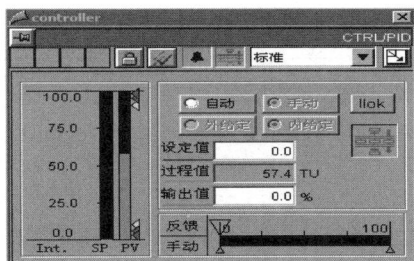

图 7-23　PID 标准面板

图 7-24　PID 参数面板 1

① 设定值跟踪过程值 SP_TRK_ON，缺省激活。

② 设定值无扰切换 SPBUMPON，缺省激活。

③ 手动输出值限制：高限 MAN_HLM，LMN_HLM，低限 MAN_LLM，LMN_LLM。

④ 设定值斜率限制：使能 SPRAMPOF，上升斜率限制 SPURLM，下降斜率限制 SPDRLM。

（4）PID 限值设定面板（图 7-26）中常用的设置有：

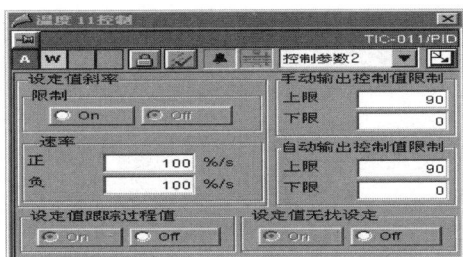

图 7-25　PID 参数面板 2

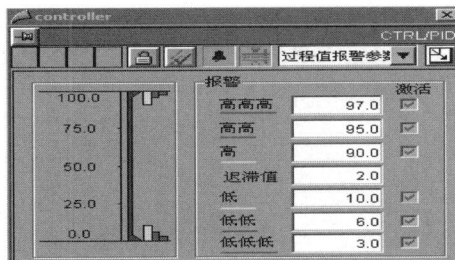

图 7-26　PID 限值设定面板

① 测量值的量程高限（MO_PVHR）和低限（MO_PVLR）。

② 报警迟滞（Hysteresis）设定值。此参数为实际量值，非百分数。当测量值在报警设定值附近波动时，用于降低报警的灵敏度。工艺工程师用户、仪表工程师用户可修改迟滞值。

③ 报警设定值指示：高高高报（LIM3_H）、高高报（PVH_ALM）、高报（PVH_WRN）、低报（PVL_WRN）、低低报（PVL_ALM）、低低低报（LIM3_L）。操作员用

户不能修改报警设定值，工艺工程师用户仅可以修改高报和低报值，仪表工程师用户可以修改以上所有参数。

④ 报警抑制状态：高高高报（M_SUP_LIM3_H）、高高报（M_SUP_AH）、高报（M_SUP_WH）、低报（M_SUP_WL）、低低报（M_SUP_AL）、低低低报（M_SUP_LIM3_L）。

⑤ CTRL-PID 控制模块报警操作说明与模拟量报警操作相同。

# 六、数字量监测模块（DIG_ MON）说明

DIG_MON 回路用来监测数字量输入值。数字量监测动态图标定义见表 7-8。

表 7-8　数字量监测动态图标定义

| Type | Block icon(offline view) | Remark |
| --- | --- | --- |
| 1 | FAL03C600C-01 | 标准数字量监测块图标（显示绿色、红色）<br>绿色表示无报警（通常情况下开关量为"1"状态时,表示无报警） |
| 2 | ANALYSER FAILURE | 红色表示有报警（通常情况下开关量为"0"状态时,表示有报警） |

在数字量监测的标准面板与维护面板中：

（1）可以设置抑制时间的长度。

（2）数字量监测点状态。

（3）质量代码状态：🔧断线；📠仿真。

# 七、切断阀面板（ON/OFF VALVE)说明

（1）在阀门的操作面板（图 7-27）中，可以选择此阀门为手动或自动状态，在手动状态下，可由有权限的操作用户打开或关闭此阀门，并可获知相应的状态。

图 7-27　阀门操作面板　　　　　图 7-28　阀门维护面板

（2）在阀门的维护面板（图 7-28）中：

① 可以设置行程时间长度，对阀门反馈的监测状态的打开与关闭。

② 消息的抑制与否。

③ 阀门远方/就地状态。

④ 质量代码状态：🔧断线；🖐仿真。

（3）在阀门的扩展面板（图 7-29）中：

① 可以仿真阀门的输出与反馈状态。

② 质量代码状态：🔧断线；🖐仿真。

阀门的反馈信号发生变化时，产生相应的过程消息。在没有特别设计阀门的输出要跟踪输入的情况下，DCS 的输出保持不变。

阀门的显示状态定义见表 7-9。

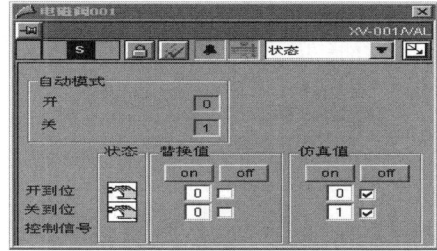

图 7-29　阀门扩展面板

表 7-9　阀门的显示状态定义

| 显示 | 功能状态 |
| --- | --- |
| M | 手动状态 |
| A | 自动状态 |
| L | 就地状态 |
| 🔒 | 联锁状态 |
| B | 旁路状态 |
| S | Fault 故障 |
| ☒ ☒ | 抑制/锁定消息 |
|  | 黄色/灰色表示阀门操作故障,说明阀门反馈信号与操作信号不一致。<br>箭头指向阀体表示故障关阀（FC）。<br>箭头离开阀体表示故障开阀（FO） |

# 八、马达/机泵模块（MOT）说明

（1）马达/泵的显示状态定义（表 7-10）。

表 7-10　马达/泵的显示状态定义

| 显示图标 | 举例 | 备注 |
| --- | --- | --- |
|  |  | 马达/电机处于手动运行状态。<br>一旁有电流指示 |
| |  | 马达/电机处于停止状态。<br>一旁电流指示为零 |
| |  | 马达/电机处于联锁时 |
| |  | 马达/电机联锁条件被旁路时 |

续表

| 序号 | 显示状态 | 说明 |
|---|---|---|
| 1 | "03P620C"随回路位号变化 | 回路位号 |
| 2 | Running condition＝Green<br>Stop condition＝Red | 马达状态显示，如运行、停止、反馈错误等 |
| 3 | S ⊠ ⊠ | 马达报警状态指示以及消息列表是否被禁止指示 |
| 4 | M A L | 马达模式指示，包含手动/自动模式、仿真模式、就地指示 |
| 5 | 🔒 B | 马达联锁指示及联锁条件被旁路指示 |

（2）在马达/泵的操作面板（图7-30）中，可以选择此马达/泵为手动或自动状态，在手动状态下，可由有权限的操作用户打开或关闭此马达/泵，并可获知相应的状态。

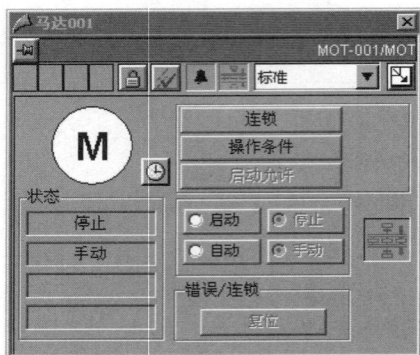

图7-30　马达/泵操作面板

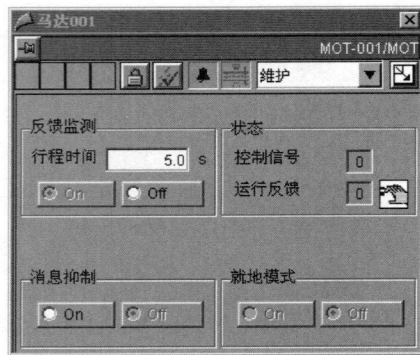

图7-31　马达/泵维护面板

（3）在马达/泵的维护面板（图7-31）中：

① 可以设置行程反馈时间长度、对马达/泵反馈的监测状态的打开与关闭。

② 消息的抑制与否。

③ 马达/泵的远方/就地状态。

④ 质量代码状态：🔧断线；仿真。

（4）在马达/泵的扩展面板（图7-32）中：

① 可以仿真马达/泵的输出与反馈状态。

② 质量代码状态：🔧断线；仿真。

马达/泵的反馈信号发生变化时，产生相应的过程消息。在没有特别设计马达/泵的输出要跟踪输入的情况下，DCS的输出保持不变。

图7-32　马达/泵扩展面板

# 第二节　DCS 的保养

本装置采用西门子公司 PCS7 系统，在正常生产期间，应定期对 DCS 设备进行外部除尘。停车期间对 DCS 关键设备，在断电后将设备打开对其内部进行彻底除尘。检修维护 DCS 设备时，应戴防静电手套进行操作。DCS 显示刷新时间大于 5 秒时，应对该设备进行相应的处理，使其显示刷新时间在 5 秒内。DCS 及其外部设备应在相应部位悬挂相应的警示标志牌。

# 第三节　基本调节知识

比例调节根据"偏差"的大小来动作，输出与输入偏差的大小成比例，调节及时、有力，但是有余差，用比例度 $\delta$ 来表示其作用的强弱，$\delta$ 越小，调节作用越强，比例作用太强时会引起振荡。

积分调节根据"余差是否存在"来动作，其输出与输入偏差对时间的积分成比例，只有当余差完全消失，积分作用才停止。其实质就是消除余差，但积分作用使最大动偏差增大，延长了调节时间。用积分时间 Ti 表示积分调节的强弱，Ti 越小表示积分作用越强，Ti 越大表示积分作用越弱。

微分调节根据"偏差变化速度"来动作，它的输出与输入偏差变化的速度成正比，其实质和效果是阻止被调参数的一切变化，有超前调节的作用，对滞后的对象有很好的效果，使调节过程的偏差减小，时间短，余差也减小，但不能消除。用微分时间 Td 表示其作用的强弱，Td 越大，作用越强，但太大会引起振荡。

## 1. 仪表的启、停用

仪表控制系统启用：先手动后自动，一般来说，在塔进料后，压力控制和压力表必须先投用，进料和回流量一般在开泵后，有量时可启用，塔底与回流罐的液位，在有液位后启用，塔底温度在引入热源时要启用，当工艺操作稳定后可改为串级调节。

仪表启用后，应注意观察仪表自动系统的工作情况，确认仪表准确灵活、可靠后方可使用，如仪表启用后发现一次表、二次表及现场指示之间存在较大的差距，应找出原因并及时加以校正。

仪表控制系统的停用：停用二次表（画面显示的远传表）时应将二次表由自动改为手动操作，停用期间按一次表的指示进行操作。一次表（就地仪表）停用后，二次表将失去作用，在一次表停用前二次表应将自动改为手动，否则不能停一次表。

## 2. 仪表控制系统切换

（1）单回路仪表的切换操作"投自动"：首先通过手动调节改变调节阀的开度，使测量值接近给定值，然后切换至自动位置，切换后注意输出及被调参数的变化及时调整。

（2）串级系统的切换操作：对于串级调节，一般是先把副调节器投入自动，然后在整个系统比较稳定的情况下再把主调节器投入自动，实现串级调节。

（3）具体串级调节的切换方法：

手动操作将主、副回路两个调节器都置于"手动"位置，用主回路调节器进行手动操作。

手动主回路、串副回路自动调节：主回路调节器的切换开关仍在"手动"位置，由主回路的输出作为副回路的给定，把副回路调节器上的切换开关打到"自动"实现副回路的自动调节。

副回路自动后，调节主回路调节器给定值，调节副参数，使主、副参数稳定后将主回路打到"自动"位置，将主、副回路串起来。

### 3. 控制系统操作注意事项

（1）一般情况下，不准轻易改变已调整好的仪表比例度、积分、微分时间等特性参数。

（2）在一个画面还未稳定时，不要急于调出另一个画面。

（3）没有特殊情况，不要进入与操作无关的其他环境。

（4）在停电情况下，UPS会出现蜂鸣报警，操作员要通知仪表紧急处理，以免造成仪表的损坏。

# 第四节　自动调节系统说明

在一个生产过程中，对主要的工艺指标，通过仪表的调节作用，直接或间接地使被调量按预定的要求进行调节并达到平稳，叫仪表自动控制。

由工艺设备和调节仪表内在联系所组成的自动调节系统，叫仪表控制系统。

每个自动调节系统由调节对象、测量变送器、调节器及执行机构四个部分组成。调节对象是指工艺过程中被调节的设备，测量变送器指测量温度、流量、压力及液位等被调参数的数值，并能将被调参数变化成比例地转化成相应的直流电流等信号输出的设备。调节器是自动调节系统中的关键仪表（DCS），它是根据变送器输出的信号与给定值进行比较，按一定的规律发出指令（4～20mA直流电流）去控制调节阀的介质流量，使被调参数维持在某一给定值上。执行机构是调节阀，它接受调节器输出的信号（4～20mA直流电流）转换成相应的气压信号（0.02～0.14MPa风压）来改变阀门开度，最终实现介质流量的自动控制。

# 第五节　仪表控制方案说明

乙炔二车间的几种典型控制：

## 1. 单一监视回路

现场仪表将信号送到控制室，DCS 上只显示工艺参数值，不参与控制。

## 2. 单一阀门控制

DCS 手动调节阀门开度，不形成闭合回路，根据工艺参数的变化，操作工在操作站手动开关调节阀。

## 3. 单回路控制

这是最简单也是最常用的控制方案，变送器将信号送到 DCS 系统，与给定值比较，DCS 运算后自动输出信号，控制阀动作，调节工艺参数。

## 4. 串级控制

最常见的复杂控制方案，一个控制方案由两个回路组成，主回路调节器输出作为副回路调节器给定值，优点是能够迅速克服进入副回路的干扰，而影响工艺参数发生大的波动，常用于滞后较大的温度控制。

例一　裂解气洗涤塔塔液位控制：裂解气洗涤塔 A/B 液位控制阀为主回路调节器，裂解气洗涤塔 A/B 流量控制阀为副回路调节器，主液位控制器通过检测的液位信号与设定值比较输出流量信号作为副液位控制器的设定值，通过裂解气洗涤塔 A/B 流量阀门控制排液流量，最终控制裂解气洗涤塔 A/B 塔液位达到平稳。

## 5. 分程控制

特点是一个变送器两个调节阀，常用于压力控制，压力低时一个调节阀开补压，压力高时另一个调节阀开泄压。

例二　溶剂收集地槽压力控制：溶剂收集地槽压力控制阀调节器通过溶剂收集地槽的压力测量值与设定值比较，输出信号同时控制溶剂收集地槽进气阀和溶剂收集地槽排气阀两台控制阀；测量压力等于设定值时控制器输出 50%，两阀门保持关闭；测量压力大于设定值时，溶剂收集地槽补气阀保持关闭，溶剂收集地槽排气阀打开相应开度排放氮气泄压；测量压力小于设定值时，溶剂收集地槽排气阀保持关闭，溶剂收集地槽补气阀打开相应开度补充氮气。

## 6. 串级比值控制

一种物料的流量需要跟随另一种物料的流量变化，前者为从动量，后者为主动量，通常选择的主动量应是主要的物料或关键的物料的流量。

例三　裂解炉天然气与氧气进料串级比值控制：天然气预热炉流量调节器控制天然气进料量（主动量），通过氧气预热炉流量运算（天然气量乘以氧比）后将天然气预热炉流量调节器的输出作为氧气预热炉燃料气流量调节器的设定值，最终通过氧气预热炉燃料气流量调节器输出控制阀门控制氧气进料量（从动量），实现串级比值控制。

# 第六节　DCS 系统的常见故障及处理

## 一、停电处理

开机前，所有信息在服务器及 CPU 上，操作站没有存储设备，开机过程就是将信息送给各站，定义并赋予各功能的过程，关机要有一定的程序，如果不按程序关机，就会丢失信息，丢失信息后可能导致系统不能正常工作。掉电即整个系统突然掉电，强迫系统不按程序关机。掉电是一种很危险的事故，其处理方法如下：立即通知仪表维护人员按常规仪表停车处理。

## 二、锁值处理

锁值，即测量值等不根据具体情况改变，保持某一固定值，不能真实反映出实际生产情况，这种情况下不像报警系统会发出引起注意的异常信号的提示，不注意观察不易发现，但对生产可能有较大的影响。锁值的原因一方面是该值超过量程范围，另一方面可能是回路本身问题，如果超过量程范围，操作员可根据工艺需要调至正常，否则通知仪表维护人员处理该回路本身的故障。

## 三、显示器黑屏

当显示器突然黑屏时，各操作站互相沟通，由故障操作站改到其他站操作，以免影响生产。

## 四、操作站数据显示异常

操作站数据同时丢失（数据显示区为空白）或同时出现数据保持，不刷新时，应立即通知仪表车间人员到机柜间查看 CPU 及服务器工作状态。CPU 正常时，工作灯为绿色，控制器显示 P1（主）b1（备）；故障时，CPU 工作灯为红色，控制器不显示 P1（主）b1（备）。若控制器故障应紧急停工。

如果控制器没有故障，应立即检查通讯端口及通讯电缆，并重启服务器，服务器恢复正常后再依次重启操作站。

# 第七节　SIS 系统逻辑控制图及逻辑控制说明

## 符号注释

①  "非逻辑"；输入为 "1" 则输出为 "0"；否则相反

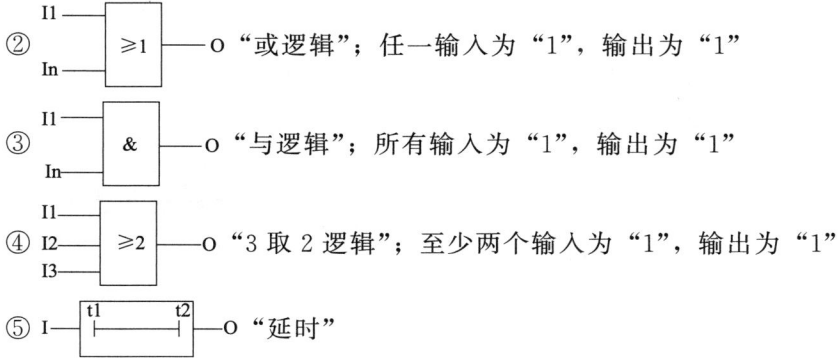

② "或逻辑"；任一输入为"1"，输出为"1"

③ "与逻辑"；所有输入为"1"，输出为"1"

④ "3 取 2 逻辑"；至少两个输入为"1"，输出为"1"

⑤ "延时"

# 第八章 安全生产及环境保护

## 第一节 安全、环保、职业健康规定生产知识

### 安全规定

**1. 红线禁令**

（1）严禁违章指挥、强令冒险作业，违反"两特"作业领导现场带班制度、值班制度，违者给予降级、撤职。

（2）严禁未按《危险化学品企业特殊作业安全规范》（GB 30871—2022）标准执行，违者予以待岗，情节严重的，予以解除劳动合同。

（3）严禁禁烟场所带入烟火，不得携带火种进入生产厂区，违者予以解除劳动合同。

（4）严禁在岗饮酒、酒后上岗、擅自离开工作岗位、睡岗，违者予以待岗，情节严重的，予以解除劳动合同。

（5）严禁未按规定着装、未正确使用安全防护用品进入生产岗位或作业现场，严禁违章操作，违者予以待岗，情节严重的，予以解除劳动合同。

（6）严禁未按规定排放易燃、易爆、有毒有害、强腐蚀性等危险化学品，危险化学品装卸时充装、监管人及驾驶人不得擅离岗位，违者予以待岗，情节严重的，予以解除劳动合同。

（7）严禁在生产装置区使用非防爆通讯工具，违者予以待岗，情节严重的，予以解除劳动合同。

（8）严禁未经允许擅自停用八类安全设施，违者予以待岗，情节严重的，予以解除劳动合同。

（9）严禁工艺处置未完全，未进行能量隔离、风险评估情况下作业，违者予以待岗，情节严重的，予以解除劳动合同。

（10）严禁无证从事特种作业和特种设备操作，违者予以解除劳动合同。

**2. 一般安全规定**

（1）"安全生产，人人有责"，车间的主要负责人要对车间的安全生产负全面责任。车间的技术人员也要对分管工作的安全生产负责。车间职工必须严格遵守企业的有关安

全生产的规定，认真执行企业所制订的各项安全生产规章制度和本规程。

（2）新职工和外来人员必须经过三级安全教育和专业技术培训，经安全考核合格后，方能进入本装置。车间员工必须有安全作业证才能独立上岗操作。上岗工人都应做到"三懂三会"。

（3）凡挂有危险、禁动、禁止入内等警告标志的地方，不准随意乱移、乱摸、乱动，非必要操作时不要靠近。

（4）凡属各种开关、控制器、仪表、信号装置、电气设备、有毒品、易燃易爆物品等不属于自己职责或没有一定安全措施，未经许可禁止乱动，以防止事故发生。

（5）岗位操作规程不明确或未落实的操作，必须请示值班或车间领导、技术人员，得到批准和指导后才能进行。

（6）设备上所有的安全防护装置，一切地沟、窨井盖板、楼梯平台、吊装孔的栏栅或格子板等必须完好，不得随便拆除，如检修拆除，检修完毕必须复位装好后才能开车。

（7）所有生产控制仪表、电器设施、设备的一切修理工作，应按设备、仪表检修规定办理，不能私自乱停乱动。修理后由操作人员检查达到使用要求后，方可投用。

（8）进行酸、碱、有毒、易燃、易爆的设备和管道内部检修前须办理作业票及车间内部特殊作业审批表；设备管道经冲洗或置换干净，对可燃有毒物取样分析合格，并采取相应安全措施后才能进入容器内作业，且必须有监护人。

（9）保持工作场所的清洁整齐，不准随意放置与生产无关的物品，消防通道保持畅通。

（10）装置内各种用水，在未辨明情况前禁止饮用或洗手。行走时注意周围情况及各种笛声信号。各种机动车辆严禁进入装置防火、防爆区域内。

（11）进入设备内检修，临时照明必须使用36V以下的安全防爆灯。

（12）机械设备在运转中禁止任何修理工作。对带压设备、管道，在未排空置换或分析前，禁止任何修理工作。

（13）机器在运转中要注意油压、油位、油温、轴承温度。如要加油，应使用长嘴注油器，运转中不能加油时，应停车加油。

（14）运转设备在操作中发现任何不正常现象要及时报告。危及安全生产时，应立即停车。

（15）安全设施和消防设施必须加以爱护，未经许可不得随意动用或损坏，对造成损失者要根据情况进行处理。

（16）发生事故时操作人员必须保持镇静，坚守岗位，听从指挥，谨慎处理，同时尽快报告领导以便采取措施；无关人员不得靠近，并保护好现场。

（17）装置内的可燃气体检测探头及报警系统，探头每季度应用标准气调校一次，并做好记录。如发现报警异常现象，及时通知有关人员进行检测，做好事故预防工作。

（18）乙炔装置大型转动设备较多，而且开、停车时放空量较大，对作业人员有较大伤害，要及时配备好各种防噪声设施，以确保操作人员健康、安全、平稳操作。

（19）上下扶梯时要脚踩实，手抓紧扶手，尤其是爬直梯且手里拿有东西时，更要双手抓紧，脚踩稳后再往上爬。

（20）开关阀门时必须使用防爆扳手，尤其是在进行天然气、裂解气、乙炔气等阀门切换或取样的时候。

（21）严禁使用汽油擦洗衣物、工具、设备、地面等，特殊用油持安全证明或许可证方可进行，同时要做好防范措施。

（22）进入下水井内作业，必须采取安全防护措施并有专人监护才能进行作业。

# 第二节　职业卫生使用规定

## 一、劳动防护用品规定

（1）劳动防护用品分为集体防护用品（如安全网、排风扇、绝缘胶板等）和个人防护用品（如工作服、工作鞋、安全帽、手套等）两类。劳动防护用品亦分为一般劳动防护用品和特殊劳动防护用品。

（2）职工个人劳动防护用品：是为使员工在劳动生产过程中避免或减轻各类事故伤害和职业危害，保障员工安全与健康而配发给员工个人在劳动生产过程中随身必须穿（佩）戴的用品，简称护品。

（3）防护功能：指劳动防护用品所具有的某种防护能力。

（4）对于从事特种生产作业和在特种作业环境中工作的员工，根据生产作业环境、特点及需要，发给员工个人具有特种功能的护品。

（5）凡在易燃易爆生产作业场所工作的员工，必须发放和穿戴防静电的护品。

（6）具体品种范围主要包括：

① 头部防护类：包括用各种材料制作的安全帽；

② 呼吸器官防护类：包括过滤式防毒面具、滤毒罐（盒）、简易式防尘口罩（不包括纱布口罩）、复式防尘口罩、过滤式防微粒口罩、长管面具；

③ 眼、面部防护类：包括电焊面罩、焊接镜片及护目镜、炉窑护目镜、防冲击护具；

④ 听觉器官防护类：包括各种材料制作的降噪声护具；

⑤ 防护服装类：包括防静电工作服、防酸碱工作服（除丝、毛面料外，材料必须经过特殊处理）、抗油拒水工作服、阻燃防护服；

⑥ 手足防护类：包括绝缘、耐油、耐酸碱手套，绝缘、耐油、耐酸碱鞋；雨鞋，用各种材料制作的低压绝缘鞋、耐油鞋、防静电鞋、安全鞋（靴）和各种劳动防护专用护肤品；

⑦ 防坠落类防护用品：包括安全带（含差速式自控器与缓冲器）、安全网、安

全绳；

（7）对安全性能要求较高、正常工作时一般不容易损耗的护品，如安全帽、防护镜、面罩、呼吸器（不包括滤罐）、绝缘鞋、绝缘手套等，应按有效防护功能最低指标和有效使用期的要求使用，届时须强制定检或报废。

## 二、环保规定

（1）环保管理的基本原则：贯彻"以预防为主，防治结合"的原则；综合运用行政、经济和法律手段，解决环境污染的原则；开展清洁生产，执行污染源全过程控制的原则；执行"谁污染、谁治理"的原则。

（2）充分合理地利用资源和能源是消除污染、保护环境的重要途径。积极开展清洁生产，各车间在革新、改造、挖潜时，从新工艺入手，采用不产生或少产生污染的新工艺、新技术，使污染源尽量消除和控制在生产过程中。

（3）加强技术管理，认真执行操作规程，搞好设备维护保养，杜绝跑、冒、滴、漏，做好物料和废旧物品的集中回收工作，制止乱排乱放，把"三废"排放量降到最低限度。

（4）切实开好、管好现有环保装置，所有环保装置必须与生产装置同时运行，在需要停车检修时，依照化工公司排污申报制度规定办理，否则按排污申报制度规定处理。

（5）水系统必须做到清污分流、压缩排污量，生产污水都要经过处理，未经处理合格，不准外排。

（6）各种可燃性气体必须尽可能回收利用或处理，不得随意排放，尾气中污染物必须符合国家排放标准。所有装置所排放的烟尘、粉尘都要达到国家排放标准。

（7）积极进行各类固体废物的综合治理和回收利用，不得造成二次污染。

（8）凡噪声和振动超标的机泵、设备、放空阀必须采取消声、隔音、防震等有效措施，并达到国家标准，在设备更新时应优先选用低噪声机械设备。

（9）建立环境行为报告制度。乙炔厂一二车间发生污染事故后，要立即向化工公司安全环保部门汇报，并组织调查、处理。事故发生后 24 小时内应写出事故调查报告及防范措施、处理意见，报化工公司安全环保部。发生重大污染事故化工公司安全环保部立即报集团安全环保部，并配合集团安全环保部进行污染事故调查及污染事故处理、赔偿等工作。

（10）所有新建、扩建、改建、技改项目，不论生产规模大小、不论何种渠道安排资金，一律执行"三同时"的规定，实行层层把关。凡没有提出环境影响报告书（表），未经集团安全环保部和化工分公司安全环保部审查同意的项目，不得列入计划，不得安排设计、施工。在环保设施未完成前，主体工程不得投入生产，坚持"三同时"原则。

（11）新建、扩建、技改项目，必须严格执行《化工公司设计卫生标准》等有关规定。设计中要吸取国内外的"三废"治理先进的工艺技术，从工艺技术上消除或减少"三废"排放量。

（12）建立健全环境保护责任制，贯彻执行国家、乙炔厂关于环境保护的方针、政策、法规和规定。

## 三、职业健康规定

（1）职业健康工作贯彻"预防为主"的方针，认真执行国家劳动保护法规和卫生标准，为员工创造有利于健康的良好工作环境和条件。

（2）依据国家及分厂有关规定，制订建立健全职业健康管理制度。

（3）建立健全分厂职业健康监护制度，对分厂所有员工进行健康监护。对从事接触职业危害作业的员工，必须进行职业性健康监护。包括上岗前健康体检、定期健康检查、应急性健康检查和离岗健康检查。

（4）没有进行职业性健康检查的员工不得从事接触职业病危害作业；职业禁忌证的员工不得从事所禁忌的作业。

（5）建立健全分厂职业病管理制度，依据卫健委《职业病目录》、《职业病诊断与鉴定管理办法》和《职业病报告办法》，规范职业病诊断、管理工作。

（6）建立健全分厂职业危害事故应急救援措施，最大限度地减少中毒事故造成的损失。发生事故时，按规定应立即报告单位和分厂主管部门。

（7）对员工进行上岗前和经常性职业卫生培训，教育和督促员工遵守职业卫生法律规范、规章制度和正确使用职业卫生防护设备、个人卫生防护用品，增强员工在应急化学事故中的自救互救能力。

（8）建立健全分厂职业病防治档案，对有害作业场所的基本情况，日常监测情况，以及职工的详细职业史、职业危害接触史、职业性健康检查结果等个人健康资料，要分别记录在档案中，形成动态档案管理，按规定向地方和分厂主管部门上报。

（9）作业场所必须符合国家卫生标准和卫生要求。产生职业病危害因素的生产设备，必须配套符合国家卫生标准的防护设备或防护措施，对易散发有毒有害物质的工艺设备，杜绝跑、冒、滴、漏；对噪声源采取隔音降噪措施；存在职业病危害因素的作业场所，应当统一规划，限期治理。

（10）对尘、毒、射线、噪声等职业卫生防护设备进行经常性维护、检修，定期检测防护效果，确保正常使用，不得擅自拆除或者停止使用。

（11）对从事接触职业病危害因素作业的员工，应按有关规定提供有效的个人防护用品。个人卫生防护用品必须符合国家卫生标准和要求。车间岗位上的防护器材要设立专柜保管，并纳入交接班。在生产作业过程中应强调让员工按规定佩戴使用。

（12）引进、使用、变更存在职业病危害因素的技术、工艺、生产原材料、生产设备和职业卫生防护设施，必须向公司 HSE 部申报，登记备案。

（13）在生产、使用和处理有毒有害物质的装置和作业场所，应根据有关法律、法规及单位实际情况，各种防护器具都必须定期检查校验，维护管理，保证性能灵敏好用。

# 第三节 装置劳动卫生技术措施

## 一、安全卫生

**采用的安全卫生防范措施**

（1）装置平面布置、防火间距、消防通道、疏散出口和安全距离

乙炔装置布置在青海盐湖集团综合利用项目二期工程全厂综合仓库区南侧，东邻冷冻站、VCM 装置；南邻全厂循环水（系统）装置；西邻工厂围墙。装置地块呈长方形，东西长 385m，南北宽 187m（按道路中心和围墙计），本装置为了确保安全生产和方便管理把乙炔净化工序、装置循环水系统分别布置在 VCM 装置和全厂循环水装置区，其他工序均布置在规划的地块内。原料天然气和乙炔气由管道输送。

装置四周设置环形通道，以满足施工、安装、检修及消防的需要。

乙炔装置道路宽度按主次干道划分为 9m、6m 两种宽度，次干道沿装置区呈环形布置，道路转弯半径为 12m，满足厂区运输和安全消防的需要。

乙炔装置各建构筑物均设有足够的安全出口，从厂房内各处至最近的安全口的距离满足《建筑设计防火规范》的要求。装置区设有环状的道路或消防通道，可以满足应急疏散的要求。

乙炔装置气柜距氯乙烯装置的间距约为 109m，满足 GB 50160 表 3.1.11 条可燃气体储罐（$>1000m^3$）与甲类工艺装置 25m 间距的要求。

乙炔装置距相邻氯乙烯装置的间距分别为 162m，满足 GB 50160 表 3.1.11 条甲类工艺装置与甲类工艺装置 30m 间距的要求。

乙炔部分氧化工序与车间综合楼的间距约为 30m，满足 GB 50160 表 4.2.1 中甲类工艺设施与控制室、办公室等 15m 的间距要求。

本装置设备之间的详细布置情况见《总平面布置图》。

（2）设备、材料选型及电气设备、控制仪表选型

a. 设备、材料选型

设计中，对设备如压缩机、工业炉等，进行优质设计，从工艺及安全的角度，选用可靠的材料，做到设备本质安全。

工业炉内需要耐高温的板材、管材，一般选用 1Cr18Ni9Ti 或 Cr25Ni20 型；非高温状态下与 $CH_4$、$C_2H_2$ 及炭黑水等介质接触的设备材料，除少部分选用 1Cr18Ni9Ti外，其余选用碳钢或低合金钢。

b. 电气设备、控制仪表选型

危险区域内电气设备根据 GB 50058—2014 确定。

爆炸性气体环境电气及仪表设备的选择符合下列规定。

根据爆炸危险区域的分区，电气/仪表设备的种类和防爆结构仪表的要求，选择相应的电气/仪表设备。选用的防爆电气/仪表设备的级别和组别，不低于该爆炸性气体环

境内爆炸性气体混合物的级别和组别。

爆炸危险区域内的电气/仪表设备，符合周围环境内化学的、机械的、热的、霉菌及风沙等不同环境条件对电气设备的要求。电气设备结构应满足电气设备在规定的运行条件下不降低防爆性能的要求。

在危险场所（0区、1区、2区）本安或隔爆型仪表将被用在危险区域。仪表选择时首选本安仪表，本安仪表不可能时再选择隔爆、增安等仪表。

为了保障仪表检测过程的正常进行，延长仪表使用寿命，本设计中户外安装的现场仪表选用全天候型（IP65）。

爆炸危险区域内的电缆采用阻燃电缆。高温区域全部采用阻燃耐高温电缆。

在电缆易受损坏的场所，电缆敷设在电缆托盘内或穿钢管埋在地下。在爆炸危险区域内的电缆不允许有中间接头。

（3）泄压、防爆、防火等安全设施和必要的检测报警设施

a. 建筑泄压措施及设施

本装置存在爆炸危险的生产设备大多露天或半露天布置，有利于通风及防爆泄压，可避免可燃气体在建筑物内积聚。

b. 设备泄压措施及设施

本装置压力容器的设计、制造均遵照执行《压力容器安全技术监察规程》的规定，各温度、压力、液位以及安全泄压阀等附属设施均按规范和工艺要求进行设置，安全阀的设置均按《石油化工企业设计防火规范》的要求进行，以避免引起二次事故。

c. 防火、防爆措施及设施

加强设备、管道、阀门的密封措施，防止氢气、氨等可燃物料泄漏而引起火灾/爆炸事故。

严格控制装置区内的点火源，禁止一切明火，严禁吸烟，严格控制作业区内的焊接、切割等动火作业。合理布置变配电及控制室等可能产生火花的部位，避免电火花为点火源。

根据规范的要求对乙炔装置划分爆炸危险区域，在火灾爆炸危险区内的电气设备均选用隔爆型或本安型，并按规范要求配线。

对爆炸火灾危险区域内可能受到火灾威胁的关键阀门、控制关键设备的仪表、电气电缆均采取有效的耐火保护措施。

d. 检测报警设施

乙炔装置内设可燃气体检测报警设施。可燃气体检测报警设施的设计按照《石油化工可燃气体和有毒气体检测报警设计标准》（GB/T 50493—2019）的有关规定和要求。

可燃气体探测器的布点、安装高度等符合《石油化工可燃气体和有毒气体检测报警设计标准》（GB/T 50493—2019）的有关规定和要求。

（4）停车联锁保护措施及紧急停车设施

乙炔装置采用一套DCS系统对装置进行监测控制。为保证装置的安全运行，同时采用一套安全联锁系统SIS完成装置的安全联锁和停车功能。DCS与SIS之间通讯。

裂解气、真空、高级炔压缩机机组的保护系统由独立的、安装在主控室的 PLC 系统完成，PLC 系统与 DCS 通讯。乙炔、高级炔增压机的控制由全厂的 DCS 系统完成。

天然气、氧气预热器设置独立的就地燃烧控制系统（快速 PLC），单独对燃料系统进行控制。

（5）防雷及防静电措施

所有工艺生产设备及其管线，按工艺管道的要求做防静电接地装置，并与电气设备的安全保护接地系统相连接。

所有爆炸性危险区内的工艺设备及其建、构筑物，属第二类防雷建、构筑物，应考虑防直击雷、防感应雷和防雷电波侵入。总控楼、变电所等其他场所的建、构筑物属第三类防雷建、构筑物，应考虑防直击雷和防雷电波侵入。

对装有电子设备的场所及线路，应装设防浪涌过电压的设施。

装置变电所的变压器中性点直接接地并设接地体，各工艺生产场所均设安全接地装置并与变压器中性点接地体相连，其接地电阻≤4Ω，必要时再在生产场所的周围加装辅助接地体。全厂所有保护接地、中性点接地、防雷、防静电接地均接为一体，构成全厂接地网，其接地电阻≤1Ω。

对输送可燃气体和可燃液体等物料的管道，在工艺设计上尽量采用较低的流速，以避免因流速过快而带来的静电危害。

对于含有可燃物质的放空气体，一旦放空速度过快，就可能摩擦产生静电放电而引起火灾爆炸事故。因此，对这些放空气体在其放空管线均作静电接地的基础上控制其放空的速度。

（6）噪声、高温及通风、空调对策措施

乙炔装置的通风、降温、减噪按《工业企业设计卫生标准》（GBZ 1—2010）和《石油化工企业职业安全卫生设计规定》（SH/T 3047—2021）的有关规定和要求进行设计。

a. 噪声防治措施

设备、管道等的噪声控制按《工业企业噪声控制设计规范》（GB/T 50087—2013）的规定进行设计。设计中通过选用低噪声的设备，采取消声、隔声、吸声、隔振等措施来控制噪声水平，对一般存在噪声危害的如氢气压缩机等处不设置固定操作岗位，仅设巡视位。

对开车放空、正常开停车放空、正常生产放空、事故放空等气体排放所产生的噪声，超过允许值时，采取在排放口设置消声器来降低噪声值。

设计时合理控制管道流速、合理布置管道及管架，以减少振动和噪声。

调节阀、节流装置分配适当的压差，避免压差过大产生噪声。选择调节阀时，尽量选用低噪声的调节阀。

b. 防烫保温措施

表面温度超过 60℃的设备和管道，在距地面或工作平台高度 2.1m 范围内或距操作平台周围 0.75m 范围内应设防烫伤隔热层。

c. 通风、空调措施

综合楼通风采用机械排风自然进风。分析用混流风机排风，通过风管沿外墙将有害气体送到屋顶排出；其他须机械排风的房间用轴流通风机进行排风，换气次数为 6 次/小时。

综合楼 DCS 控制室采用集中空调；空调机用水冷式恒温恒湿机；冷（热）风由散流器送至室内，回风由设在房间内的回风口通过风管将风返回至空调机，新风口设在机房内外墙上，新风、回风比为 20：80。

分析用色谱间等采用分体空调进行空气调节。

乙炔变电所通风，采用机械排风自然进风；换气次数为 6 次/小时；有害气体直接排至室外；用轴流通风机进行机械排风。

排除含有爆炸危险性气体的通风机选用防爆通风机，风机及风管有良好的接地措施。

防火阀采用温度超过 70℃ 时能自动关闭的防火阀。空调机房进出风管穿墙处、风管穿楼板处设防火阀。

（7）个人防护用品、事故淋浴等和健康有关的医疗卫生急救设施

a. 个人防护用品

本装置个人防护用品按《个体防护装备配备规范 第 1 部分：总则》（GB 39800.1—2020）的有关规定和要求进行配备。本装置生产现场配置防毒器具柜和急救药箱。现场配置的防护器具柜内配置空气呼吸器、过滤式防毒面具（防一氧化碳等）等，急救药箱内配置适用于化学灼伤、一氧化碳中毒的药品和医疗用品。

装置的操作人员、巡检人员、分析人员等根据实际情况，每人配备一过滤式防毒面具（防一氧化碳等）、防护服、防护手套、靴子等个人防护用品。

b. 医疗卫生急救设施

乙炔装置的医疗卫生设施主要依托工厂所在地域的医疗卫生机构和设施，工厂内不设置医疗卫生机构及设施。

工厂设置卫生（急救）室并在生产现场配置急救药箱。现场配置的急救药箱内配置适用于化学灼伤、一氧化碳等中毒的药品和医疗用品。

（8）防高处坠落对策措施

a. 装置区内操作人员需要进行操作、维护、调节、检查的工作位置，距坠落基准面高差超过 2m，且有发生坠落危险的场所，按规定设置便于操作、巡检和维修作业的扶梯、平台和围栏、安全盖板、防护板等附属设施。

b. 各楼梯、平台和栏杆的设计，按《固定式钢直梯》《固定式钢斜梯》《固定式工业防护栏》和《固定式工业钢平台》等有关标准执行。

c. 楼梯、平台和易滑倒的地面设有防滑措施。

d. 各平台的直梯口设有防操作人员坠落的措施，相邻两层平台的直梯错开设置。

（9）防触电及机械伤害对策措施

a. 本装置所有正常不带电、事故时可能带电的配电装置及电气设备的外露可导电

部分，均按《交流电气装置的接地设计规范》（GB/T 50065—2011）的要求设计可靠的接地装置。

b. 凡应采用安全电压的场所，均采用安全电压，安全电压标准按《特低电压（ELV）限值》（GB/T 3805—2008）的规定执行。

c. 高速旋转或往复运动的机械零部件设计可靠的防护设施、挡板或安全围栏。

d. 本装置埋设于建构筑物上的安装检修设备或运送物料用的吊钩、吊梁等，设计时考虑必要的安全系数，并在醒目处标出许吊的极限荷载量。

（10）安全色、安全标志等对策措施

a. 凡容易发生事故或危及生命安全的场所和设备，以及需要提醒操作人员注意的地点，均设置安全标志，并按《安全标志》进行设置。

b. 凡需要迅速发现并引起注意以防发生事故的场所、部位均涂安全色，安全色按《安全色》《安全色使用导则》选用。

c. 阀门布置比较集中，易因误操作而引发事故时，在阀门附近标明输送介质的名称、符号或设置明显的标志。

d. 生产场所与作业地点的紧急通道和紧急出入口均设置明显的标志和指示箭头。

（11）安全管理

工厂设置全厂性安全管理机构，配置专职的安全技术人员，负责全厂的安全卫生管理工作。乙炔装置配置 5 名专职安全技术人，负责装置安全卫生管理等工作。

# 二、消防措施

## 1. 装置平面布置、防火间距、消防通道、疏散出口和安全距离

相关内容前面已介绍，此处不再赘述。

## 2. 危险物料的安全控制

相关内容前面已介绍，此处不再赘述。

## 3. 电气

a. 工程的供电负荷等级

由于乙炔装置工艺生产的连续性强，突然停电将引起生产过程的中断，并造成较大的经济损失。因此，大部分生产负荷为二级负荷，办公用电等非生产用电为三级负荷。应急照明负荷和仪表用电的负荷为一级负荷，约有 90kW。

b. 电源数量

乙炔装置电源来自全厂 110kV 总降变电站的 10kV 开关室，该变电站内设有两台 110kV/10kV 变压器，为全厂用电负荷提供可靠的电源。总降变电站与乙炔装置界区的距离约 600m。拟采用引自 110kV 总降变电站的 10kV 开关室不同母线段的双回路 10kV 电缆线路，向乙炔装置 10kV 变配电所供电。

应急照明负荷和仪表用电的负荷，由 EPS 应急电源提供应急电源。

c. 爆炸危险区域内电气、仪表及控制设备选型

本工程的自然环境条件较为恶劣，现场的海拔高度为 2681m，又处于察尔汗盐湖区，空气中的盐尘、盐雾污秽度较重。为了保证本工程供电系统的可靠性，对于 35kV 及以下电压的高压电气设备，选用高原型产品或采用外绝缘提高一级的产品。并且所有电气设备的防护等级应满足 IP54 的要求。

危险区域电气设备根据《爆炸危险环境电力装置设计规范》（GB 50058—2014）来确定。根据爆炸危险区域的分区、电气设备和仪表的种类及防爆结构的要求，选择相应的电气设备和控制仪表。选用的防爆电气设备和控制仪表的级别和组别不低于爆炸性气体环境内爆炸性气体混合物的级别和组别。

爆炸危险区域内的电气设备和控制仪表符合周围环境内化学的、机械的、热的、霉菌及风沙等不同环境条件对电气设备的要求，电气设备结构满足电气设备在规定运行条件下不降低防爆性能的要求。

在爆炸危险区域内和消防系统，所有电缆用阻燃电缆，且电缆不允许有中间接头。

敷设电气线路的沟道、电缆或钢管所穿过的不同区域之间墙或楼板处的孔洞处采用非燃烧性材料严密堵塞。

腐蚀环境的电气设备根据环境类别按《化工企业腐蚀环境电力设计技术规程（附条文说明）》（HG/T 20666—1999）来选择相适应的产品。爆炸危险场所和化学腐蚀环境中的电气设备选用防爆兼防腐型。

腐蚀环境的配电线路采用电缆桥架、明设，不用穿钢管敷设或电缆沟敷设，电缆桥架用热浸锌型或玻璃钢型。腐蚀环境的密封式配电箱、控制箱、操作柱等电缆出口采用密封防腐措施。

电缆沟至电缆室，电缆室至配电室开关柜、电气盘的开孔部位，电缆贯穿隔墙、楼板的孔洞采取阻火封堵。

d. 事故照明、疏散指示标志等的设计

重要的操作岗位，如控制室、变配电、工艺装置区均按规范设置事故照明，以利于紧急处理事故及安全疏散。

控制楼还设置一定数量的事故照明、疏散指示标志。事故照明采用灯具自带应急电源。考虑尽量在各通道口设置，以备人员疏散。

e. 防雷及防静电

乙炔装置区内各建筑物和构筑物根据 GB 50057—2010《建筑物防雷设计规范》设置防雷保护系统。

所有工艺生产设备及其管线，按工艺管道的要求作防静电接地装置，并与电气设备的安全保护接地系统相连接。

所有爆炸性危险区内的工艺设备及其建、构筑物，属第二类防雷建、构筑物，考虑防直击雷、防感应雷和防雷电波侵入。总控楼、变电所等其他场所的建、构筑物属第三类防雷建、构筑物，考虑防直击雷和防雷电波侵入。

对装有电子设备的场所及线路，装设防浪涌过电压的设施。

装置变电所的变压器中性点直接接地并设接地体，各工艺生产场所均设安全接地装置并与变压器中性点接地体相连，必要时再在生产场所的周围加装辅助接地体。全厂所有保护接地、中性点接地、防雷、防静电接地均接为一体，构成全厂接地网，其接地电阻≤4Ω。

防静电接地是防止静电危害的主要措施之一，防静电接地设计根据《化工企业静电接地设计规程》（HG/T 20675—1990），在长距离工艺输送管道每隔60m接地一次，阀门处需跨接，与电气设备接地和保护接地一并处理。

对输送可燃气体和可燃液体等物料的管道，在工艺设计上尽量采用较低的流速，以避免因流速过快而带来的静电危害。

对于含有可燃物质的放空气体，一旦放空速度过快，就可能摩擦产生静电放电而引起火灾爆炸事故。因此，对这些放空气体在其放空管线均作静电接地的基础上控制其放空的速度。

### 4. 建、构筑物防火

a. 建、构筑物的结构形式、耐火等级

乙炔装置各建、构筑物的结构形式、耐火等级及建筑面积等详见表8-1。

表 8-1　建、构筑物一览表

| 序号 | 建筑名称 | 使用类别 | 结构类型 | 耐火等级 | 层数 | 建筑面积/m² | 火灾危险分类 |
|---|---|---|---|---|---|---|---|
| 1 | 乙炔装置部分氧化工序 | 框架 | 钢框架 | 二 | 6层 | 3841.3 | 甲 |
| 2 | 乙炔净化工序 | 框架 | 钢框架 | 二 | 2层 | 432.68 | 甲 |
| 3 | 提浓工序 | 框架 | 钢框架 | 二 | 3层 | 1898.4 | 甲 |
| 4 | 乙炔溶剂处理 | 框架 | 钢框架 | 二 | 3层 | 449.81 | 甲 |
| 5 | 乙炔车间综合楼 | 综合建筑 | 钢筋混凝土框架 | 一 | 3层 | 2456 | 丙 |
| 6 | 乙炔炭黑水处理 | 厂房 | 钢筋混凝土框架结构 | / | 单层 | 81 | 戊 |
| 7 | 乙炔车间变电所 | 厂房 | 钢筋混凝土框架 | 一 | 单层 | 1002 | 丙 |

b. 建、构筑物防火防爆

本装置大多数生产设备均露天或半露天布置，有利于通风及防爆泄压，可避免可燃气体在建筑物内积聚。

在设计时充分考虑操作人员的疏散，建筑楼地面均采用不发火花细石混凝土，钢结构框架10m以下的梁柱均采用防火涂料保护，提高钢结构的耐火极限。

各建、构筑物内设置完备的安全疏散及防护设施，如疏散楼梯、安全出口、防护栏、事故照明等，主要的建、构筑物如车间变电室、综合楼等的疏散楼梯和安全出口，满足《建筑设计防火规范》的要求。

### 5. 通风与空调

相关内容参见前述"通风、空调措施"。

### 6. 消防系统

（1）消防水系统

本项目的消防设施按新建独立工厂考虑。

全厂在工艺装置区、氯乙烯球罐区、氨罐区等设置一套稳高压消防水系统，覆盖范围包括合成氨装置、尿素装置、乙炔装置、氯乙烯装置、聚氯乙烯装置区、氯乙烯球罐区、氨罐区。

消防系统是按照同一时间内 1 处火灾考虑的，也就是说，在本项目所涉及的区域内，同一时间内只考虑有 1 处火灾发生。

工艺装置区火灾延续时间为 3h，氯乙烯球罐的火灾延续时间为 6h。由于工厂所在地区室外温度较低，因此所有消防设施均按要求考虑防冻措施。根据计算及《石油化工企业设计防火标准》有关规定，项目高压消防用水量取 300L/s（1080m³/h），火灾延续时间为 6h，用水总量约 6500m³。乙炔装置区消防水由全厂消防水系统供给。

（2）高压消防给水管网系统

高压消防给水管网为独立的消防给水管网系统，消防给水管网在乙炔装置区成环状（网格状）布置。

高压消防给水管道埋设在冰冻线以下，距冰冻线不小于 150mm。

高压消防水主管管径为 400mm，流速 2m/s。

高压消防水管网用截止阀分隔成若干段，每段的消火栓与消防炮的总量不超过 5 个。

（3）消防水炮

乙炔工艺装置设置消防水炮。消防水炮沿装置区域的道路布置，尽量靠近被保护的工艺设备，但离被保护的设备的间距不小于 15m。

在装置区内，除单独需要设置消防水炮外，干管上室外消防炮与室外消火栓均采用炮栓组合设置的形式。消防炮为手动操作，其回转角度应为 360°，并能俯仰操作。消防炮的喷嘴为直流-喷雾喷嘴，进口压力为 0.8MPa 时，出口流量不小于 40L/s。每个消防炮的保护半径不小于 40m。

（4）室外高压消火栓

乙炔装置设置室外高压消火栓。室外消火栓均沿道路布置，其大口径出水口面向道路。消火栓距路面边不大于 5m，距建筑物外墙不小于 5m。消火栓的间距不大于 60m。室外消火栓选用公称直径为 150mm 的 3 出口室外地上式防冻型消火栓，每个消火栓带 2 个 80mm 的消防水软管接口及 1 个 150mm 消防水泵接口。

在设置消防水炮的地点可选用消防水炮与消火栓组合设置的形式。

（5）箱式消火栓

乙炔装置以下部位设置箱式消火栓：

——工艺装置区的主管廊

——提浓框架

——部分氧化框架

每个箱式消火栓箱内配置以下设施：

1 根 65mm×25m 带接口的消防水龙带；1 支 ϕ19mm 水枪，每个箱式消火栓均根据需要设置减压设施，以使箱式消火栓的出口压力不超过 0.5MPa。

（6）灭火器配置

a. 生产装置区、罐区灭火器配置

乙炔生产装置区内配置 8kg ABC 类手提式干粉灭火器；甲类装置灭火器的最大保护距离不超过 9m，乙、丙类装置不超过 12m；每一配置点的灭火器数量不少于 2 个，多层框架分层配置；危险的重要场所增设 35kg ABC 类推车式干粉灭火器。

b. 建筑物灭火器配置

在仪表/电气设备房间配置 5kg 手提式二氧化碳和 25kg 推车式二氧化碳灭火器。对处理可燃或易燃物料的房间/建筑物配置 8kg BC 类手提式干粉灭火器。

c. 灭火器安装

8kg BC 类手提式干粉灭火器和 4kg ABC 类手提式干粉灭火器放置在灭火器箱内。5kg 手提式二氧化碳、25kg 推车式二氧化碳灭火器、35kg BC 类推车式干粉灭火器就地放置。

（7）火灾报警系统

全厂设置一套集中火灾自动报警及消防联动系统，火灾报警控制总盘设在综合办公楼调度室。乙炔装置设火灾报警分控制盘，设在装置控制室内，用以接收手动报警按钮、声光报警器、感温/感烟探测器等的信号。联动控制盘（根据需要设置）将根据报警点的特点启动灭火装置。在消防站设置火警复示盘。

a. 火灾报警按钮

乙炔装置在工艺装置区、罐区等设置防爆型手动报警按钮（全天候型）；室内任意点到任意一个手动报警按钮的距离不大于 30m；如果建筑物内设置有室内消火栓，手动报警按钮设置在消火栓旁；主要在建筑物的出口及楼梯间内设置手动报警按钮；手动报警按钮的安装高度约为离地面（楼面）1.5m。

b. 感温/感烟探测器

在乙炔装置车间综合楼有电气火灾发生的房间或夹层如配电室、仪表控制室等设置感烟探测器。在走廊、办公室、楼梯间和有发生闷燃风险的房间也设置感烟探测器。在蓄电池间或杂物间设置感温探测器。配电室的电缆夹层设置感温电缆。

c. 声光报警器

乙炔装置车间控制室设置声光报警器，声光报警器的声压级应考虑安装环境的背景噪声，且高于背景噪声 15dB。

（8）可燃及有毒气体探测系统

乙炔装置内设可燃气体检测报警设施。可燃气体检测报警设施的设计按照《石油化工可燃气体和有毒气体检测报警设计标准》（GB/T 50493—2019）的有关规定和要求。在乙炔装置内的部分氧化、炭黑处理、提浓、净化等工序设有可燃气体检测报警设施，主要检测操作环境中天然气、乙炔等的浓度。可燃气体探测器的布点、安装高度等符合《石油化工可燃气体和有毒气体检测报警设计标准》（GB/T 50493—2019）的有关规定和要求。

# 第四节　本装置实际的危险化学品 MSDS

## 一、化学品信息清单

化学品信息清单见表 8-2。

表 8-2　化学品信息清单

| 序号 | 化学品名称 | 来源 | 类别 | MSDS 信息 |
|---|---|---|---|---|
| 1 | 甲烷 | 外购 | 原辅料 | 有 |
| 2 | 氧气 | 空分车间 | 原辅料 | 有 |
| 3 | 一氧化碳 | 自产 | 中间产品 | 有 |
| 4 | 氢气 | 自产 | 中间产品 | 有 |
| 5 | 氮气 | 空分车间 | 原辅料 | 有 |
| 6 | 乙炔 | 自产 | 产品 | 有 |
| 7 | N-甲级吡咯烷酮 | 外购 | 原辅料 | 有 |
| 8 | 硫酸 | 酸回收 | 原辅料 | 有 |
| 9 | 氢氧化钠 | 氯碱厂 | 原辅料 | 有 |
| 10 | 氨 | 合成氨车间 | 原辅料 | 有 |

注：1. 名称为化学品品名。

2. 来源分为自产、外购。

3. 类别分为原料辅料、添加剂、中间品、产品、废弃品等。

## 二、化学品反应矩阵

化学品反应矩阵见表 8-3。

表 8-3　化学品反应矩阵

| 物料名称 | | 1 | 2 | 3 | 4 | 5 | 6 | 7 | 8 | 9 | 10 |
|---|---|---|---|---|---|---|---|---|---|---|---|
| | | 甲烷 | 氧气 | 一氧化碳 | 氢气 | 氮气 | 乙炔 | N-甲级吡咯烷酮 | 硫酸 | 氢氧化钠 | 氨 |
| 1 | 甲烷 | 否 | 是 | 否 | 否 | 否 | 否 | 否 | 否 | 否 | 否 |
| 2 | 氧气 | 是 | 否 | 是 | 是 | 否 | 是 | 否 | 否 | 否 | 否 |
| 3 | 一氧化碳 | 否 | 是 | 否 | 否 | 否 | 否 | 否 | 否 | 否 | 否 |
| 4 | 氢气 | 否 | 是 | 否 | 否 | 否 | 否 | 否 | 否 | 否 | 否 |
| 5 | 氮气 | 否 | 否 | 否 | 否 | 否 | 否 | 否 | 否 | 否 | 否 |
| 6 | 乙炔 | 否 | 是 | 否 | 否 | 否 | 否 | 否 | 否 | 否 | 否 |
| 7 | N-甲级吡咯烷酮 | 否 | 否 | 否 | 否 | 否 | 否 | 否 | 是 | 否 | 否 |
| 8 | 硫酸 | 否 | 否 | 否 | 否 | 否 | 否 | 是 | 否 | 是 | 是 |
| 9 | 氢氧化钠 | 否 | 否 | 否 | 否 | 否 | 否 | 否 | 是 | 否 | 否 |
| 10 | 氨 | 否 | 是 | 否 | 否 | 否 | 否 | 否 | 是 | 否 | 否 |

# 三、本装置危险化学品物性数据详表（MSDS）

## 1. 甲烷

<table>
<tr><td colspan="2" align="center">第一部分　化学品及企业标识</td></tr>
<tr><td>化学品中文名:甲烷</td><td>别名:沼气</td></tr>
<tr><td colspan="2">化学品英文名:methane</td></tr>
<tr><td colspan="2">企业名称:青海盐湖元品化工有限责任公司</td></tr>
<tr><td colspan="2">企业地址:格尔木市察尔汗工业园区</td></tr>
<tr><td colspan="2">邮　　编:816000</td></tr>
<tr><td colspan="2">应急咨询电话:0979-8440119</td></tr>
<tr><td colspan="2">产品推荐及限制用途:用作燃料和用于炭黑、氢、乙炔、甲醛等的制造</td></tr>
</table>

**第二部分　危险性概述**

紧急情况概述:

极易燃,与空气混合能形成爆炸性混合物,遇热源和明火有燃烧爆炸危险。与强氧化剂剧烈反应。纯甲烷对人基本无毒,只有在极高浓度　时成为单纯性窒息剂。皮肤接触液化气体可致冻伤。对环境无影响。

GHS危险性类别:

易燃气体　　　　　　　　　类别1

加压气体　　　　　　　　　冷冻液化气体

标签要素:

象形图:

警示词:危险。

危险性说明:极易燃气体,含冷冻液化气体,可引起冻伤。

防范说明:

预防措施:

——远离热源、火花、明火、热表面,工作场所严禁吸烟。

——设置可燃气体监测报警仪,使用防爆型的通风系统和设备。

——密闭操作,严防泄漏,工作场所全面通风。

——配备两套以上重型防护服、防静电工作服、防寒手套、化学安全防护眼镜、供气式呼吸器。

——禁止使用易产生火花的机械设备和工具。

事故响应:

——吸入:迅速脱离现场至空气新鲜处。保持呼吸道通畅。如呼吸困难,给氧。如呼吸停止,立即进行人工呼吸,就医。

——皮肤接触:如果发生冻伤,将患部浸泡于保持在38～42℃的温水中复温。不要涂擦。不要使用热水或辐射热。使用清洁、干燥的敷料包扎。如有不适感,就医。

——用微温水化解冻伤部位,不要搓擦患处。

——消除所有点火源。

——切断气源。若不能切断气源,则不允许熄灭泄漏处的火焰。

安全储存:

——储存于阴凉、通风的易燃气体专用库房。远离火种、热源。库房温度不宜超过30℃。

——应与氧化剂等分开存放,切忌混储。

——采用防爆型照明、通风设施。

——禁止使用易产生火花的机械设备和工具。

——储存区应备有泄漏应急处理设备。

废弃处置:

——建议用焚烧法处置。处置前应参阅国家和地方有关法规。把倒空的容器归还厂商或在规定场所掩埋。

物理和化学危险:极易燃,与空气混合能形成爆炸性混合物,遇热源和明火有燃烧爆炸危险。与五氧化溴、氯气、次氯酸、三氟化氮、液氧、二氟化氧及其他强氧化剂剧烈反应。

健康危害:纯甲烷对人基本无毒,只有在极高浓度时成为单纯性窒息剂。皮肤接触液化气体可致冻伤。天然气主要组分为甲烷,其毒性因其他化学组成的不同而异。

环境危害:对环境无影响。

## 第三部分　危险性概述

危险性类别:第 2.1 类易燃气体。

侵入途径:吸入。

健康危害:甲烷对人基本无毒,但浓度过高时,使空气中氧含量明显降低,使人窒息。当空气中甲烷达 25%~30% 时,可引起头痛、头晕、乏力、注意力不集中、呼吸和心跳加速、共济失调。若不及时脱离,可致窒息死亡。皮肤接触液化本品,可致冻伤。

燃爆危险:本品易燃,具窒息性。

## 第四部分　急救措施

皮肤接触:若有冻伤,就医治疗。

眼睛接触:就医。

吸入:迅速脱离现场至空气新鲜处。保持呼吸道通畅。如呼吸困难,给输氧。如呼吸停止,立即进行人工呼吸。就医。

食入:就医。

## 第五部分　消防措施

灭火方法:切断气源。若不能切断气源,则不允许熄灭泄漏处的火焰。喷水冷却容器,尽可能将容器从火场移至空旷处。

灭火剂:雾状水、泡沫、二氧化碳、干粉。

特别危险性:极易燃,与空气混合能形成爆炸性混合物,遇热源和明火有燃烧爆炸危险。与五氧化溴、氯气、次氯酸、三氟化氮、液氧、二氟化氧及其他强氧化剂剧烈反应。

灭火注意事项及防护措施:切断气源。若不能切断气源,则不允许熄灭泄漏处的火焰。消防人员必须佩戴空气呼吸器、穿全身防火防毒服,在上风向灭火。尽可能将容器从火场移至空旷处。喷水保持火场容器冷却,直至灭火结束。

## 第六部分　泄漏应急处理

应急处理:迅速撤离泄漏污染区人员至上风处,并进行隔离,严格限制出入。切断火源。建议应急处理人员戴自给正压式呼吸器,穿防静电工作服。尽可能切断泄漏源。合理通风,加速扩散。喷雾状水稀释、溶解。构筑围堤或挖坑收容产生的大量废水。如有可能,将漏出气用排风机送至空旷地方或装设适当喷头烧掉。也可以将漏气的容器移至空旷处,注意通风。漏气容器要妥善处理,修复、检验后再用。

## 第七部分　操作处置与储存

操作注意事项:密闭操作,全面通风。操作人员必须经过专门培训,严格遵守操作规程。远离火种、热源,工作场所严禁吸烟。使用防爆型的通风系统和设备。防止气体泄漏到工作场所空气中。避免与氧化剂接触。在传送过程中,钢瓶和容器必须接地和跨接,防止产生静电。搬运时轻装轻卸,防止钢瓶及附件破损。配备相应品种和数量的消防器材及泄漏应急处理设备。

储存注意事项:储存于阴凉、通风的库房。远离火种、热源。库温不宜超过 30℃。应与氧化剂等分开存放,切忌混储。采用防爆型照明、通风设施。禁止使用易产生火花的机械设备和工具。储区应备有泄漏应急处理设备。

续表

## 第八部分　接触控制/个体防护

最高容许浓度:中国 MAC(mg/m³):250

TLVTN:ACGIH 窒息性气体　TLVWN:未制定标准

监测方法:

工程控制:生产过程密闭,全面通风。

呼吸系统防护:一般不需要特殊防护,但建议特殊情况下佩戴自吸过滤式防毒面具(半面罩)。

眼睛防护:一般不需要特殊防护,高浓度接触时可戴安全防护眼镜。

身体防护:穿防静电工作服。

手防护:戴一般作业防护手套。

其他防护:工作现场严禁吸烟。避免长期反复接触。进入罐、限制性空间或其他高浓度区作业,须有人监护。

## 第九部分　理化特性

外观与性状:无色无臭气体

| | |
|---|---|
| 熔点(℃):−182.5 | 相对密度(水=1):0.42(−164℃) |
| 沸点(℃):−161.5 | 相对蒸气密度(空气=1):0.55 |
| 分子式:$CH_4$ | 分子量:16.04　主要成分:纯品 |
| 饱和蒸气压(kPa):53.32(−168.8℃) | 燃烧热(kJ/mol):889.5 |
| 临界温度(℃):−82.6 | 临界压力(MPa):4.59 |

辛醇/水分配系数的对数值:无资料

| | |
|---|---|
| 闪点(℃):−188 | 爆炸上限(体积分数):15% |
| 引燃温度(℃):538 | 爆炸下限(体积分数):5.3% |

溶解性:微溶于水,溶于醇、乙醚

主要用途:用作燃料和用于炭黑、氢、乙炔、甲醛等的制造

其他理化性质:

## 第十部分　稳定性和反应活性

稳定性:无资料。

禁配物:强氧化剂、氟、氯。

避免接触的条件:聚合危害。

分解产物:无资料。

## 第十一部分　毒理学资料

急性毒性:$LC_{50}$ 无资料。　亚急性和慢性毒性:无资料。

| | |
|---|---|
| 刺激性:无资料。 | 致敏性:无资料。 |
| 致突变性:无资料。 | 致畸性:无资料。 |
| 致癌性:无资料。 | |

## 第十二部分　生态学资料

| | |
|---|---|
| 生态毒理毒性:无资料。 | 生物降解性:无资料。 |
| 非生物降解性:无资料。 | 生物富集或生物积累性:无资料。 |

其他有害作用:该物质对环境可能有危害,对鱼类和水体要给予特别注意。还应特别注意对地表水、土壤、大气和饮用水的污染。

## 第十三部分　废弃处置

废弃物性质:危险废物。

废弃处置方法:建议用焚烧法处置。

废弃注意事项:处置前应参阅国家和地方有关法规。

## 第十四部分　运输信息

| | |
|---|---|
| 危险货物编号:21007 | UN 编号:1971 |
| 包装标志:易燃气体 | 包装类别:O52 |

包装方法:钢质气瓶。

运输注意事项:采用钢瓶运输时必须戴好钢瓶上的安全帽。钢瓶一般平放,并应将瓶口朝同一方向,不可交叉;高度不得超过车辆的防护 栏板,并用三角木垫卡牢,防止滚动。运输时运输车辆应配备相应品种和数量的消防器材。装运该物品的车辆排气管必须配备阻火装置,禁止使用易产生火花的机械设备和工具装卸。严禁与氧化剂等混装混运。夏季应早晚运输,防止日光曝晒。中途停留时应远离火种、热源。公路运输时要按规定路线行驶,勿在居民区和人口稠密区停留。铁路运输时要禁止溜放。

### 第十五部分　法规信息

法规信息:下列法律、法规、规章和标准,对化学品的安全生产、使用、储存、运输、装卸、分类和标志、包装、职业危害等方面作了相应的规定:

《中华人民共和国安全生产法》(2021 年 6 月 10 日修订,自 2021 年 9 月 1 日起施行)

《中华人民共和国职业病防治法》(2018 年 12 月 29 日修订并实施)

《危险化学品安全管理条例》(2011 年 2 月 16 日修订,自 2011 年 12 月 1 日起施行)

《工作场所安全使用化学品规定》(1997 年 1 月 1 日施行)

《危险化学品登记管理办法》(2012 年 7 月 1 日施行)

《化学品安全技术说明书 内容和项目顺序》(GB/T 16483—2008)

《化学品安全技术说明书编写指南》(GB/T 17519—2013)

《危险货物运输包装通用技术条件》(GB 12463—2009)

《危险货物包装标志》(GB 190—2009)

《危险货物运输包装类别划分方法》(GB/T 15098—2008)

《危险货物分类和品名编号》(GB 6944—2012)

《危险货物品名表》(GB 12268—2012)

《工作场所有害因素职业接触限值 第 1 部分:化学有害因素》(GBZ 2.1—2019)

《化学品分类和危险性公示 通则》(GB 13690—2009)

《化学品分类和标签规范》(GB 30000.2~30000.29—2013)

《危险化学品目录》(2015 年版)将该物质划为易燃气体,类别 1

## 2. 氧气

### 第一部分　化学品及企业标识

化学品中文名称:氧气

化学品英文名称:industrial oxygen

企业名称:青海盐湖元品化工有限责任公司

企业地址:青海省格尔木市察尔汗工业区

邮编:816000

企业应急咨询电话:09798440119

产品推荐用途及限制用途:金属焊接、电子工业等

### 第二部分　危险性概述

紧急情况概述:强氧化剂、助燃,与可燃蒸气混合可形成燃烧或爆炸性混合物。容器遇明火、高热源有爆炸危险。

GHS 危险性类别:根据化学品分类、警示标签和警示性说明规范系列标准(参阅第十五部分),该产品属于高压气体。

危险品类别:压缩气体、氧化气体。

标签要素和象形图:

　　警示词:警告。

　　危险信息:强氧化剂、助燃,与可燃蒸气混合可形成燃烧或爆炸性混合物。容器遇明火、高热源有爆炸危险。助燃。

　　禁配物:还原剂。

　　防范说明:

　　预防措施:保持容器密闭,远离火种和热源,防止阳光直晒,应与易燃或可燃物分开存放,切忌混储。操作现场不得吸烟,按要求穿戴防护装备。

　　事故响应:火灾时使用泡沫、干粉、二氧化碳、砂土灭火。若有冻伤注意保暖,就医。如眼睛接触:提起眼睑,用流动清水或生理盐水冲洗,就医。如吸入:迅速脱离现场至空气新鲜处,保持呼吸系统畅通。如呼吸停止立即进行人工呼吸,就医。

　　安全贮存:储存于阴凉、通风库房内,仓库温度不宜超过 30℃。远离火种和热源,防止阳光直晒,应与易燃或可燃物分开存放,切忌混储。

　　废弃处置:(参阅国家和地方有关法律法规)将气体逐渐安全地扩散到大气中。

　　物理化学危险:无资料。

　　健康危害:长时间吸入纯氧造成中毒。常压下氧浓度超过 40% 时,就有发生氧中毒的可能性。氧中毒有两种类型:

　　1. 肺型——主要发生在氧分压 0.1～0.2MPa,相当于吸入氧浓度 40%～60%。开始时,胸骨后稍有不适,伴轻咳,进而感到胸闷、胸骨后有烧灼感和呼吸困难,咳嗽加剧。严重时可发生肺水肿、窒息。

　　2. 神经型——主要发生于氧分压在 3 个大气压以上时,相当于吸入氧浓度 80% 以上,开始多出现口唇或面部肌肉抽动,面色苍白、眩晕、心跳过速、虚脱,续而出现全身强直性癫痫样抽搐,昏迷,呼吸衰竭而死亡。长期处于氧分压为 60～100kPa 的条件下可发生眼损害,严重者可失明。

　　环境危害:该物质大量排放时对环境无影响。

## 第三部分　成分/组成信息

物质√　　　　　　　　　　　　　混合物□

化学品名称:氧气

浓度:≥99.2%

CAS　No.:7782-44-7

## 第四部分　急救措施

　　皮肤接触:不会通过该途径受到伤害。

　　眼睛接触:不会通过该途径受到伤害。

　　吸入:迅速脱离现场至空气新鲜处,保持呼吸系统畅通。如呼吸停止立即进行人工呼吸,就医。

　　食入:无意义。

　　对保护施救者的忠告:无资料。

　　对医生的特别提示:无资料。

## 第五部分　消防措施

　　危险特性:与可燃气体形成爆炸性混合物,与还原剂能发生强烈反应。流速过快容易产生静电积累,放电可引起燃烧爆炸。高速氧气流遇　油渍、油污易着火。

　　有害燃烧产物:CO、$CO_2$ 及其他氧化物。

　　灭火方法及灭火剂:切断气源(或液氧)。用水冷却容器,以防受热爆炸。可选水、泡沫、二氧化碳、干粉、砂土等适合周围火源的灭火剂。

　　灭火注意事项:灭火人员戴自给正压式呼吸器。

## 第六部分　泄漏应急处理

　　作业人员防护措施、防护装备和应急处置程序:建议应急处理人员戴正压自给式呼吸器,穿一般作业工作服。尽可能切断泄漏源。

　　环境保护措施:漏出气允许排入大气中。泄漏场所保持通风。

　　泄漏化学品的收容、清除方法及所使用的处置材料:

　　大量泄漏:根据气体的影响区域划定警戒区,无关人员从侧风、上风向撤离至安全区。

续表

## 第七部分　操作处置与贮存

操作处置注意事项:密闭操作,加强通风。操作人员必须经过专门培训,严格遵守危险化学品安全使用操作规程。充满的气瓶应远离明火,且不得在阳光下暴晒。瓶内气体不得用尽,必须留有 0.05MPa 的剩余压力。启闭瓶阀要缓慢。瓶阀冻结时,严禁明火烧烤或电加热,应用温水解冻。瓶阀口及输气管应严防沾染油脂等活性物质。瓶内严禁倒灌易燃气体或活性物质。输气管必须使用专用耐压的胶管,连接必须紧密,防止泄漏。氧气管路要严格脱脂。劳动护具不得有油污。现场严禁烟火,配备相应品种和数量的消防器材。不得接触明火。操作高压氧气钢瓶,不允许面对瓶嘴、阀杆。

储存注意事项:储存于通风库房,远离火种、热源,气瓶应有防倾倒措施。大于 10m³ 低温液体储槽不能放在室内。

禁配物:还原剂。

## 第八部分　接触控制/个体防护

接触限制:无资料。

生物限制:无资料。

监测方法:化学分析或仪器分析。

工程控制:生产过程密闭,环境加强通风。

呼吸系统防护:空气中浓度超标时,应迅速撤离现场。

眼睛防护:佩戴面罩。

身体防护:工作区应穿工作服。

手防护:工作环境佩戴手套。

## 第九部分　理化特性

外观与性状:无色无臭气体

pH 值:无意义

熔点(℃):-218.8

相对密度(水=1):1.14(-183℃)

沸点(℃):-183.1

相对蒸气密度(空气=1):1.43

饱和蒸气压(kPa):506.62(-164℃)

燃烧热(kJ/mol):无意义

临界温度(℃):-118.4

临界压力(MPa):5.08

辛醇/水分配系数的对数值:无意义

闪点(℃):无意义

爆炸上限(%,体积分数):无意义

引燃温度(℃):无意义

爆炸下限(%,体积分数):无意义

溶解性:溶于水、乙醇

主要用途:用于切割、焊接金属,制造医药、染料、炸药等

其他理化性质:无资料

## 第十部分　稳定性和反应性

稳定性:稳定。

禁配物:还原剂。

避免接触的条件:明火、高温、油脂、还原剂。

聚合危害:不能发生。

危险分解产物:无。

## 第十一部分　毒理学资料

急性毒性:LD$_{50}$:无资料。　　　　LC$_{50}$:无资料。

急性中毒:豚鼠一次吸入 100%氧,2～3 日后死亡。

慢性中毒:无资料。　　　　刺激性:无资料。

致敏性:无资料。　　　　致突变性:无资料。

致畸性:无资料。　　　　致癌性:无资料。

特异性靶器官系统毒性——一次性接触:无资料。

特异性靶器官系统毒性——反复接触:无资料。

吸入危害:无资料。

续表

| 第十二部分 生态学资料 |
|---|
| 生态毒性:无资料。 |
| 持久性和降解性:无资料。 |
| 生物富集或生物积累性:无资料。 |
| 土壤中的迁移性:无资料。 |

| 第十三部分 废弃处理 |
|---|
| 废弃物性质:非危险废物。 |
| 废弃处理方法:允许气体安全地扩散到大气中。气瓶废弃采用气割或挤压等处置方法。 |
| 废弃注意事项:钢质气瓶报废处置时,应散尽瓶内气体。瓶内气体放散时,在放散口附近严禁烟火,且放散管应引出室外。 |

| 第十四部分 运输信息 |
|---|
| 联合国危险货物 UN 编号:1072。 |
| 联合国运输名称:氧气。 |
| 联合国危险性分类:2.2。 |
| 包装类别:Ⅲ。 |
| 包装标志:非易燃无毒气体。 |
| 包装方法:钢质气瓶。 |
| 海洋污染物(是/否):否。 |
| 运输注意事项:禁止与易燃气体(如乙炔、氢气)等混运。必须戴好瓶帽和配置防震圈,轻装轻卸,严禁抛、滑、滚、碰。运输工具上不得沾染油脂,应有明显的安全标志。包装容器粘贴不燃气体气瓶警示标签。 |

| 第十五部分 法规信息 |
|---|
| 法规信息: |
| 下列法律法规和标准,对化学品的安全使用、储存、运输、装卸、分类和标志等方面均作了相应的规定。 |
| 化学品分类、警示 标签和警示性说明规范系列标准(GB 30000.2~GB 30000.28—2013)。 |
| 《危险化学品名录》:列入,将该物质划为第 2.2 类不燃气体。 |
| 《剧毒化学品名录》:未列入。 |
| 《危险货物品名表》(GB 12268—2012):列入,将该物质划为第 2.2 类非易燃无毒气体。 |
| 《中国现有化学物质名录》:列入。 |
| 《高毒物品目录》:未列入。本品划为压缩气体。 |

## 3. 一氧化碳

| 第一部分 化学品及企业标识 |
|---|
| 化学品中文名:一氧化碳 |
| 化学品俗名或商品名:一氧化碳 |
| 化学品英文名:carbon monoxide |
| 企业名称:青海盐湖元品化工有限责任公司 |
| 企业地址:青海省格尔木市察尔汗工业园区 |
| 邮　　编:816000 |
| 应急咨询电话:0979-8440119 |
| 产品推广用途:主要用于化学合成,如合成甲醇、光气等,及用作精炼金属的还原剂 |
| 产品限制用途:无资料 |

| 第二部分 危险性概述 |
|---|
| GHS危险性类别:易燃气体-1,生殖毒性-1A,特异性靶器官系统毒性反复接触-1,急性毒性-吸入-3。 |
| GHS标签要素: |
| 象形图: |

警示词:危险。

危险信息:极易燃气体;可能损害生育力或胎儿;长期或反复接触可致器官损害;吸入会中毒。

防范说明:

【预防措施】远离热源、火花、明火、热表面,禁止吸烟。得到专门指导后操作。在阅读并了解所有安全预防措施之前,切勿操作。按要求使用个体防护装备。避免吸入粉尘、烟气、气体、烟雾、蒸气、喷雾。操作后彻底清洗。操作现场不得进食、饮水或吸烟。仅在室外或通风良好处操作。

【事故响应】泄漏气体着火,切勿灭火,除非能安全地切断泄漏源。如果没有危险,消除一切火源。如果接触或有担心,就医。如吸入:将患者转移到空气新鲜处,休息,保持利于呼吸的体位。立即呼叫中毒控制中心或就医。

【安全储存】在通风良好处储存。保持容器密闭。上锁保管。

【废弃处理】按照地方、区域、国家、国际法规(规定)处置本品、容器。

主要的物理和化学危险性信息:无色、无臭、无味的气体,微溶于水,溶于乙醇、苯等多数有机溶剂。具有可燃性、还原性和毒性。与空气混合能形成爆炸性混合物;遇热或明火即会发生爆炸。

健康危害:一氧化碳在血中与血红蛋白结合而造成组织缺氧。急性中毒:轻度中毒者出现头痛、头晕、耳鸣、心悸、恶心、呕吐、无力,血液碳氧血红蛋白浓度可高于10%;中度中毒者除上述症状外,还有皮肤黏膜呈樱红色、脉快、烦躁、步态不稳、浅至中度昏迷,血液碳氧血红蛋白浓度可高于30%;重度患者深度昏迷、瞳孔缩小、肌张力增强、频繁抽搐、大小便失禁、休克、肺水肿、严重心肌损害等,血液碳氧血红蛋白浓度可高于50%。部分患者昏迷苏醒后,约经2～60天的症状缓解期后,又可能出现迟发性脑病,以意识精神障碍、锥体系或锥体外系损害为主。慢性影响:能否造成慢性中毒及对心血管影响无定论。

环境危害:该物质对环境有危害,应特别注意对地表水、土壤、大气和饮用水的污染。

人员接触后的主要症状:

吸入:轻度中毒者出现头痛、头晕、耳鸣、心悸、恶心、呕吐、无力;中度中毒者除上述症状外,还有皮肤黏膜呈樱红色、脉快、烦躁、步态不稳、浅至中度昏迷;重度患者深度昏迷、瞳孔缩小、肌张力增强、频繁抽搐、大小便失禁、休克、肺水肿、严重心肌损害等。

皮肤接触:无资料。

眼睛接触:无资料。

食入:无资料。

应急综述:迅速撤离泄漏污染区人员至上风处,并立即隔离150m,严格限制出入。切断火源。建议应急处理人员戴自给正压式呼吸器,穿防静电工作服。尽可能切断泄漏源。合理通风,加速扩散。喷雾状水稀释、溶解。构筑围堤或挖坑以收容产生的大量废水。如有可能,将漏出气用排风机送至空旷地方或装设适当喷头烧掉。也可以用管路导至炉中、凹地焚之。漏气容器要妥善处理,修复、检验后再用。

## 第三部分　成分/组成信息

纯品　√　　　　　　　　　　　　　混合物

| 危险组分 | 浓度或浓度范围 | CAS No. |
| --- | --- | --- |
| 一氧化碳 | 99% | 630-08-0 |

## 第四部分　急救措施

吸入:迅速脱离现场至空气新鲜处。保持呼吸道通畅。如呼吸困难,给予输氧。呼吸心跳停止时,立即进行人工呼吸和胸外心脏按压术。就医。

皮肤接触:无意义。

眼睛接触:无意义。

食入:无意义。

急性和迟发效应及主要症状和影响:部分急性CO中毒患者于昏迷苏醒后,意识恢复正常,但经2～30天的假愈期后,又出现脑病的神经精神症状,称为急性CO中毒迟发脑病。以意识精神障碍、锥体系或锥体外系损害为主。

### 第五部分  消防措施

灭火方法:切断气源。若不能立即切断气源,则不允许熄灭正在燃烧的气体。喷水冷却容器,可能的话将容器从火场移至空旷处。灭火剂:雾状水、泡沫、二氧化碳。

危险特性:是一种易燃易爆气体。与空气混合能形成爆炸性混合物,遇明火、高热能引起燃烧爆炸。若遇高热,容器内压力增大,有开裂和爆炸的危险。

### 第六部分  泄漏应急处理

作业人员防护措施、防护装置和应急处置程序:迅速撤离泄漏污染区人员至上风处,并立即隔离150m,严格限制出入。切断火源。建议应急处理人员戴正压自给式呼吸器,穿防静电工作服。尽可能切断泄漏源。合理通风,加速扩散。喷雾状水稀释、溶解。构筑围堤或挖坑以收容产生的大量废水。如有可能,将漏出气用排风机送至空旷地方或装设适当喷头烧掉。也可以用管路导至炉中、凹地焚之。漏气容器要妥善处理,修复、检验后再用。

环境保护措施:构筑围堤或挖坑以收容产生的大量废水。如有可能,将漏出气用排风机送至空旷地方。也可以用管路导至炉中、凹地。

泄漏化学品的收容、消除方法及所使用的处置材料:构筑围堤或挖坑以收容产生的大量废水。如有可能,将漏出气用排风机送至空旷地方或装设适当喷头烧掉。也可以用管路导至炉中、凹地焚之。

防止发生次生危害的预防措施:处理现场禁止一切火源。

### 第七部分  操作处置与储存

安全操作处理注意事项:严加密闭,提供充分的局部排风和全面通风。操作人员必须经过专门培训,严格遵守操作规程。建议操作人员佩戴自吸过滤式防毒面具(半面罩),穿防静电工作服。远离火种、热源。工作场所严禁吸烟。使用防爆型的通风系统和设备。防止气体泄漏到工作场所空气中。避免与氧化剂、碱类接触。在传送过程中,钢瓶和容器必须接地和跨接,防止产生静电。搬运时轻装轻卸,防止钢瓶及附件破损。配备相应品种和数量的消防器材及泄漏应急处理设备。

储存注意事项:储存于阴凉、通风的库房。远离火种、热源。库温不宜超过30℃。应与氧化剂、碱类、食用化学品分开存放,切忌混储。采用防爆型照明、通风设施。禁止使用易产生火花的机械设备和工具。

### 第八部分  接触控制/个体防护

职业接触限值:PC-TWA(时间加权平均容许浓度):20mg/m$^3$

PC-STEL(短时间接触容许浓度):30mg/m$^3$

生物限值:未制定标准。

监测方法:气相色谱法。发烟硫酸-五氧化二碘检气管比长度法。

工程控制:严加密闭,提供充分的局部排风和全面通风。生产生活用气必须分路。

呼吸系统防护:空气中浓度超标时,佩戴自吸过滤式防毒面具(半面罩)。紧急事态抢救或撤离时,建议佩戴空气呼吸器、一氧化碳过滤自救器。

眼睛防护:一般不需特殊防护。高浓度接触时可戴安全防护眼镜。

身体防护:穿防静电工作服和防静电鞋。

手防护:戴一般作业防护手套。

其他防护:工作现场严禁吸烟。实行就业前和定期的体检。避免高浓度吸入。进入罐、限制性空间或其他高浓度区作业,须有人监护。

### 第九部分  理化特性

外观与性状:无色、无臭、无味的气体,不易液化和固化

| | |
|---|---|
| pH值:无资料 | 熔点(℃):-199.1 |
| 沸点(℃):-191.4 | 闪点(℃):<-50 |
| 爆炸上限(体积分数):74.2% | 爆炸下限(体积分数):12.5% |
| 饱和蒸气压(kPa):无资料 | 相对蒸气密度(空气=1):0.97 |
| 气体密度:无资料 | 相对密度(水=1):0.79 |

溶解性:微溶于水,溶于乙醇、苯等多数有机溶剂

| | |
|---|---|
| 辛醇/水分配系数的对数值:无资料 | |
| 自燃温度(℃):610 | 临界压力(MPa):3.50 |

| | |
|---|---|
| 临界温度(℃):－140.2 | 最大爆炸压力(MPa):无资料 |
| 分解温度(℃):无资料 | 气味阈值:无资料 |
| 蒸发速率:无资料 | 易燃性:本品易燃 |

## 第十部分 稳定性和反应活性

稳定性:稳定。

在特定条件下可能发生的危险反应:和空气混合有爆炸的危险。

应避免的条件:禁止接触明火。

禁配物:强氧化剂、碱类。

危险分解产物:400～700℃间分解为碳和二氧化碳。

## 第十一部分 毒理学资料

急性毒性:

$LD_{50}$:无资料。

$LC_{50}$:2069mg/$m^3$,4h(大鼠吸入)。

亚急性和慢性毒性:大鼠吸入 0.047～0.053mg/L,4～8h/d,30d,出现生长缓慢,血红蛋白及红细胞数增高,肝脏的琥珀酸脱氢酶及细胞色素氧化酶的活性受到破坏。猴吸入 0.11mg/L,经 3～6 个月引起心肌损伤。

| | |
|---|---|
| 皮肤刺激或腐蚀:无资料 | 眼睛刺激或腐蚀:无资料 |
| 呼吸或皮肤过敏:无资料 | 生殖细胞突变性:无资料 |
| 致癌性:无资料 | |

生殖毒性:大鼠吸入最低中毒浓度($TCL_0$):150×$10^{-6}$(24h,孕 1～22 天),引起心血管(循环)系统异常。小鼠吸入最低中毒浓度($TCL_0$):125×$10^{-6}$(24h,孕 7～18 天),胚胎毒性。

| | |
|---|---|
| 特异性靶器官系统毒性 | 一次性接触:无资料 |
| 特异性靶器官系统毒性 | 反复接触:无资料 |
| 吸入危害:无资料 | |

## 第十二部分 生态学信息

生态毒性:该物质对环境有危害,应特别注意对地表水、土壤、大气和饮用水的污染。

持久性和降解性:无资料。

潜在的生物累积性:无资料。

土壤中的迁移性:无资料。

## 第十三部分 废弃处置

废弃处置方法:用焚烧法处置。

废弃注意事项:处置前应参阅国家和地方有关法规,必要时咨询生产企业。

## 第十四部分 运输信息

联合国危险货物编号(UN 号):1016

联合国运输名称:一氧化碳

联合国危险性分类:2

包装标志:2.1 类易燃气体

包装类别:Ⅰ类包装

包装方法:钢质气瓶

海洋污染物(是/否):否

运输注意事项:采用钢瓶运输时必须戴好钢瓶上的安全帽。钢瓶一般平放,并应将瓶口朝同一方向,不可交叉;高度不得超过车辆的防护栏板,并用三角木垫卡牢,防止滚动。运输时运输车辆应配备相应品种和数量的消防器材。装运该物品的车辆排气管必须配备阻火装置,禁止使用易产生火花的机械设备和工具装卸。严禁与氧化剂、碱类、食用化品等混装混运。夏季应早晚运输,防止日光曝晒。中途停留时应远离火种、热源。公路运输时要按规定路线行驶,禁止在居民区和人口稠密区停留。铁路运输时要禁止溜放。

续表

| 第十五部分　法规信息 |
|---|

法规信息:下列法律法规和标准,对化学危险品的安全使用、生产、储存、运输、装卸、分类和标志等方面均作了相应规定:

《中华人民共和国安全生产法》(2021 年 6 月 10 日修订,自 2021 年 9 月 1 日起施行);

《中华人民共和国职业病防治法》(2018 年 12 月 29 日修订并实施);

《危险化学品安全管理条例》(2011 年 2 月 16 日修订,自 2011 年 12 月 1 日起施行);

《中华人民共和国环境保护法》(2014 年 4 月 24 日修订,2015 年 1 月 1 日施行);

《安全生产许可条例》(2004 年 1 月 7 日国务院第 34 次常务会议修订通过);

《基于 GHS 的化学品标签规范》(GB/T 22234—2008);

《化学品安全技术说明书 内容和项目顺序》(GB/T 16483—2008);

《化学品分类和危险性公示 通则》(GB/T 13690—2009);

《化学品分类和标签规范 第 3 部分:易燃气体》(GB 30000.3—2013);

《化学品分类和标签规范 第 19 部分:皮肤腐蚀/刺激》(GB 30000.19—2013);

《化学品分类和标签规范 第 20 部分:严重眼损伤/眼刺激》(GB 30000.20—2013);

《化学品分类和标签规范 第 21 部分:呼吸道或皮肤致敏》(GB 30000.21—2013);

《化学品分类和标签规范 第 12 部分:生殖细胞致突变性》(GB 30000.12—2013);

《化学品分类和标签规范 第 14 部分:致癌性》(GB 30000.14—2013);

《化学品分类和标签规范 第 15 部分:生殖毒性》(GB 30000.15—2013);

《化学品分类和标签规范 第 16 部分:特异性靶器官毒性 一次接触》(GB 30000.16—2013)。

## 4. 氢气

| 第一部分　化学品及企业标识 |
|---|

化学品中文名称:氢气

化学品英文名称:hydrogen

企业名称:青海盐湖元品化工有限责任公司

地　　址:青海省格尔木市察尔汗工业园区

邮　　编:816000

企业应急电话:0979-8440119

产品推荐用途及限制用途:主要用于合成氨和甲醇等,石油精制,有机物氢化及做火箭燃料

| 第二部分　危险性概述 |
|---|

物理化学危险:极易燃,与空气混合能形成爆炸性混合物,遇热或明火即发生爆炸。比空气轻,在室内使用和储存时,漏气上升滞留屋顶不易排出,遇火星会引起爆炸。在空气中燃烧时,火焰呈蓝色,不易被发现。

健康危害:为单纯性窒息性气体,仅在高浓度时,由于空气中氧分压降低才引起缺氧性窒息。在很高的分压下,呈现出麻醉作用。

环境危害:对环境不会造成影响。

GHS 危险性类别:易燃气体-1,加压气体-2。

标签要素:

象形图:　　

警示词:危险。

危险信息:极易燃气体,与空气混合能形成爆炸性混合物,遇热或明火即发生爆炸。

防范说明:工作场所严禁烟火,应远离热源、火源,避免野蛮作业,穿防静电工作服,使用防爆型工具。

预防措施:操作人员必须经过专门培训,严格遵守操作规程,熟练掌握操作技能,具备应急处置知识。密闭操作,严防泄漏,工作场所加强通风。远离火种、热源,工作场所严禁吸烟。生产、使用氢气的车间及贮氢场所应设置氢气泄漏检测报警仪,使用防爆型的通风系统和设备。建议操作人员穿防静电工作服。储罐等压力容器和设备应设置安全阀、压力表、温度计,并应装有带压力、温度远传记录和报警功能的安全装置。避免与氧化剂、卤素接触。生产、储存

区域应设置安全警示标志。在传送过程中,钢瓶和容器必须接地和跨接,防止产生静电。搬运时轻装轻卸,防止钢瓶及附件破损。配备相应品种和数量的消防器材及泄漏应急处理设备。

事故响应:火灾时使用干粉、泡沫、二氧化碳、雾状水灭火。切断气源。若不能切断气源,则不允许熄灭泄漏处的火焰。喷水冷却容器,尽可能将容器从火场移至空旷处。氢火焰肉眼不易察觉,消防人员应佩戴自给式呼吸器,穿防静电服进入现场,注意防止外露皮肤烧伤。

安全储存:储于阴凉、通风的易燃气体专用库房。远离火种、热源。库房温度不宜超过30℃。应与氧化剂、卤素分开存放,切忌混储。采用防爆型照明、通风设施。禁止使用易产生火花的机械设备和工具。储存区应备有泄漏应急处理设备。储存室内必须通风良好,保证空气中氢气最高含量不超过1%(体积比)。储存室建筑物顶部或外墙的上部设气窗或排气孔。排气孔应朝向安全地带,室内换气次数每小时不得小于3次,事故通风每小时换气次数不得小于7次。氢气瓶与盛有易燃、易爆、可燃物质及氧化性气体的容器或气瓶的间距不应小于8m;与空调装置、空气压缩机或通风设备等吸风口的间距不应小于20m;与明火或普通电气设备的间距不应小于10m。

废弃处置:本品对环境不会造成影响,可直接排入大气。

### 第三部分　成分/组成信息

物质 ☑　　　　混合物 □

| 危险组分 | 浓度 | CAS No. |
| --- | --- | --- |
| 氢 | 99.9% | 133-74-0 |

### 第四部分　急救措施

皮肤接触:无意义。

眼睛接触:无意义。

吸入:迅速脱离现场至空气新鲜处。保持呼吸道通畅。如呼吸困难,给氧。如呼吸停止,立即进行人工呼吸。就医。

食入:无意义。

接触该化学品的主要症状和对健康的影响:该品为单纯性窒息性气体,仅在高浓度时,由于空气中氧分压降低才引起缺氧性窒息。在很高的分压下,呈现出麻醉作用。

对施救者的忠告:如果停止呼吸,立即进行人工呼吸。呼吸心跳停止,可进行心肺复苏术。送医院或寻求医生帮助。

医生的特别提示:无。

及时的医疗护理和特殊的治疗:无。

### 第五部分　消防措施

灭火方法及灭火剂:可用泡沫、干粉、二氧化碳、雾状水扑救。

特别危险性:极易燃,与空气混合能形成爆炸性混合物,遇热或明火即发生爆炸。

特殊灭火方法:切断气源。若不能切断气源,则不允许熄灭泄漏处的火焰。喷水冷却容器,尽可能将容器从火场移至空旷处。氢火焰肉眼不易察觉。

保护消防人员的防护装备:消防人员应佩戴自给式呼吸器,穿防静电服进入现场,注意防止外露皮肤烧伤。

### 第六部分　泄漏应急处理

作业人员防护措施、防护装备和应急处置程序:迅速撤离泄漏污染区人员至安全区,并进行隔离,严格限制出入。建议应急处理人员戴自　给正压式呼吸器,穿防静电工作服。尽可能切断火源。

环境保护措施:本品对环境不会造成影响,可直接排入大气。

泄漏化学品的收容、清除方法及所使用的处置材料:消除所有点火源。根据气体的影响区域划定警戒区,无关人员从侧风、上风向撤离至安全区。建议应急处理人员戴正压自给式空气呼吸器,穿防静电服。作业时使用的所有设备应接地。尽可能切断泄漏源。喷雾状水抑制蒸气或改变蒸气云流向。防止气体通过下水道、通风系统和密闭性空间扩散。若泄漏发生在室内,宜采用吸风系统或将泄漏的钢瓶移至室外,以避免氢气四处扩散。隔离泄漏区直至气体散尽。作为一项紧急预防措施,泄漏隔离距离至少为100m。如果为大量泄漏,下风向的初始疏散距离应至少为800m。

防止发生次生危害的预防措施:合理通风,加速扩散,可用雾状水稀释。泄漏容器要妥善处理,修复并检验合格后再用。

### 第七部分　操作处置与储存

操作处置:氢气系统运行时,不准敲击,不准带压修理和紧固,不得超压,严禁负压。制氢和充灌人员工作时,不可穿戴易产生静电的服装及带钉的鞋作业,以免产生静电和撞击起火。当氢气作焊接、切割、燃料和保护气等使用时,每台(组)用氢设备的支管上应设阻火器。因生产需要,必须在现场(室内)使用氢气瓶时,其数量不得超过5瓶,并且氢气瓶与盛有易燃、易爆、可燃性物质及氧化性气体的容器或气瓶的间距不应小于8m,与空调装置、空气压缩机和通风设备等吸风口的间距不应小于20m。管道、阀门和水封装置冻结时,只能用热水或蒸汽加热解冻,严禁使用明火烘烤。不准在室内排放氢气。吹洗置换,应立即切断气源,进行通风,不得进行可能发生火花的一切操作。使用氢气瓶时注意以下事项:必须使用专用的减压器,开启时,操作者应站在阀口的侧后方,动作要轻缓;气瓶的阀门或减压器泄漏时,不得继续使用。阀门损坏时,严禁在瓶内有压力的情况下更换阀门;气瓶禁止敲击、碰撞,不得靠近热源,夏季应防止曝晒;瓶内气体严禁用尽,应留有0.5MPa的剩余压力。

　　储存:储存于阴凉、通风的易燃气体专用库房。远离火种、热源。库房温度不宜超过30℃。应与氧化剂、卤素分开存放,切忌混储。采用防爆型照明、通风设施。禁止使用易产生火花的机械设备和工具。储存区应备有泄漏应急处理设备。储存室内必须通风良好,保证空气中氢气最高含量不超过1%(体积比)。储存室建筑物顶部或外墙的上部设气窗或排气孔。排气孔应朝向安全地带,室内换气次数每小时不得小于3次,事故通风每小时换气次数不得小于7次。氢气瓶与盛有易燃、易爆、可燃性物质及氧化性气体的容器或气瓶的间距不应小于8m;与空调装置、空气压缩机或通风设备等吸风口的间距不应小于20m;与明火或普通电气设备的间距不应小于10m。

## 第八部分　接触控制和个体防护

职业接触限值:未制定标准。

监测方法:无资料。

生物限值:未制定标准。

监测方法:无资料。

工程控制方法:密闭系统,通风,防爆电器与照明。

呼吸系统防护:一般不需要特殊防护,高浓度接触时,建议佩戴空气呼吸器或氧气呼吸器。

手防护:戴一般作业防护手套。

眼睛防护:一般不需要特殊防护,高浓度接触时可戴化学安全防护镜。

皮肤和身体防护:穿防静电工作服,防静电鞋。

特殊防护措施:工作现场禁止吸烟。避免高浓度吸入。进入罐、限制性空间或其他高浓度区作业,须有人监护。

## 第九部分　理化特性

| | |
|---|---|
| 外观与性状:无色气体 | 气味:无味 |
| pH值:无意义 | 熔点/凝固点(℃):−259.2 |
| 沸点、初沸点和沸程(℃):−252.8 | 闪点(℃):无意义 |
| 爆炸上限(体积分数):74.2% | 爆炸下限(体积分数):4.1% |
| 蒸气压(kPa):13.33(−257.9℃) | 蒸气密度(空气=1):0.07 |
| 相对密度(水=1):0.07 | 溶解性:不溶于水、乙醇、乙醚 |
| 辛醇/水分配系数:−0.45 | 自燃温度(℃):500 |
| 分解温度(℃):无资料 | 气味阈值:无资料 |
| 蒸发速度:无资料 | 易燃性:极易燃 |
| 临界温度(℃):−240 | 临界压力(MPa):1.3 |

## 第十部分　稳定性和反应性

稳定性:稳定

危险反应:强氧化剂及氟、氯、溴等卤素

应避免的条件:光照、明火

不相容的物质:无资料

危险的分解产物:无资料

预期用途:主要用于合成氨和甲醇等,石油精制,有机物氢化及做火箭燃料

可预见的错误用途:无资料

## 第十一部分　毒理学信息

| | |
|---|---|
| 急性毒性:无资料 | 皮肤刺激或腐蚀:无意义 |
| 眼睛刺激或腐蚀:无意义 | 呼吸或皮肤过敏:无意义 |

生殖细胞突变性:无意义　　　　　致癌性:无资料

生殖毒性:无资料

特异性靶器官系统毒性——一次性接触:无资料

特异性靶器官系统毒性——反复接触:无资料

吸入危害:该品为单纯性窒息性气体,仅在高浓度时,由于空气中氧分压降低才引起缺氧性窒息。在很高的分压下呈现出麻醉作用

毒代动力学、代谢和分布信息:无资料

## 第十二部分　生态学信息

生态毒性:无意义

持久性和降解性:无意义

潜在的生物累积性:无资料

土壤中的迁移性:无资料

## 第十三部分　废弃处置

废弃处置方法:在远离明火 30m 安全位置放空。

残余废弃物:无意义。

受污染的容器和包装:无意义。

废弃注意事项:处置前应参阅国家和地方有关法规。

## 第十四部分　运输信息

联合国危险货物编号(UN 号):1049

联合国运输名称:氢

联合国危险性分类:易燃气体

包装标志:易燃气体

包装类别:Ⅱ

包装方法:钢制气瓶

海洋污染物(是/否):否

运输注意事项:运输车辆应有危险货物运输标志、安装具有行驶记录功能的卫星定位装置。未经公安机关批准,运输车辆不得进入危险化学品运输车辆限制通行的区域。槽车运输时要用专用槽车。槽车安装的阻火器(火星熄灭器)必须完好。槽车和运输卡车要有导静电拖线;槽车上要备有 2 只以上干粉或二氧化碳灭火器和防爆工具;要有遮阳措施,防止阳光直射。在使用汽车、手推车运输氢气瓶时,应轻装轻卸。严禁抛、滑、滚、碰。严禁用电磁起重机和链绳吊装搬运。装运时,应妥善固定。汽车装运时,氢气瓶头部应朝向同一方向,装车高度不得超过车厢高度,直立排放时,车厢高度不得低于瓶高的 2/3。不能和氧化剂、卤素等同车混运。夏季应早晚运输,防止日光曝晒。中途停留时应远离火种、热源。氢气管道输送时,管道敷设应符合下列要求:氢气管道宜采用架空敷设,其支架应为非燃烧体。架空管道不应与电缆、导电线敷设在同一支架上;氢气管道与燃气管道、氧气管道平行敷设时,中间宜有不燃物料管道隔开,或净距不小于 250mm。分层敷设时,氢气管道应位于上方。氢气管道与建筑物、构筑物或其他管线的最小净距可参照有关规定执行;室内管道不应敷设在地沟中或直接埋地,室外地沟敷设的管道,应有防止氢气泄漏、积聚或窜入其他沟道的措施。埋地敷设的管道埋深不宜小于 0.7m。含湿氢气的管道应敷设在冰冻层以下;管道应避免穿过地沟、下水道及铁路汽车道路等,必须穿过时应设套管保护;氢管道外壁颜色、标志应执行《工业管道的基本识别色、识别符号和安全标识》(GB 7231)的规定。

## 第十五部分　法规信息

法规信息:下列法律、法规、规章和标准,对化学品的安全生产、使用、储存、运输、装卸、分类和标志、包装、职业危害等方面作了相应的规定:

《中华人民共和国安全生产法》(2021 年 6 月 10 日修订,自 2021 年 9 月 1 日起施行)

《中华人民共和国职业病防治法》(2018 年 12 月 29 日修订并实施)

《危险化学品安全管理条例》(2011 年 2 月 16 日修订,自 2011 年 12 月 1 日起施行)

《工作场所安全使用化学品规定》(1997 年 1 月 1 日施行)

《危险化学品登记管理办法》(2012 年 7 月 1 日施行)

续表

《化学品安全技术说明书 内容和项目顺序》(GB/T 16483—2008)

《化学品安全技术说明书编写指南》(GB/T 17519—2013)

《危险货物运输包装通用技术条件》(GB 12463—2009)

《危险货物包装标志》(GB 190—2009)

《危险货物运输包装类别划分方法》(GB/T 15098—2008)

《危险货物分类和品名编号》(GB 6944—2012)

《危险货物品名表》(GB 12268—2012)

《工作场所有害因素职业接触限值 第1部分:化学有害因素》(GBZ 2.1—2019)

《化学品分类和危险性公示 通则》(GB 13690—2009)

《化学品分类和标签规范》(GB 30000.2～30000.29—2013)

《危险化学品目录》(2015年版)

## 5. 氮气

### 第一部分　化学品及企业标识

化学品中文名:氮气　　　　　　　　别名:

化学品英文名:nitrogen

企业名称:青海盐湖元品化工有限责任公司

企业地址:青海省格尔木市察尔汗工业园区

邮　　编:816000

应急咨询电话:0979-8440119

产品推荐及限制用途:用于合成氨、制硝酸,用于物质保护剂、冷冻剂

### 第二部分　危险性概述

紧急情况概述:

压缩气体,不支持燃烧。无明显毒副作用,但氮含量过高使吸入气氧分压下降,引起缺氧窒息。液氮可对皮肤、眼、呼吸道造成冻伤。对环境无害。

GHS危险性类别:

加压气体　　　　　　　压缩气体

标签要素:

象形图:

警示词:警告。

危险性说明:含压力下气体,如受热可爆炸。

防范说明:

预防措施:

远离热源和火源;避免阳光直射。在运输中钢瓶上要加装安全帽和防震橡皮圈,穿防护服和戴手套。

事故响应:

吸入:迅速脱离现场至空气新鲜处。保持呼吸道通畅。如呼吸困难,给氧。如呼吸停止,立即进行人工呼吸。就医。

食入:无意义。

皮肤接触:无意义。

眼睛接触:无意义。

火灾时,使用水、泡沫、干粉、二氧化碳灭火。泄漏时,迅速撤离泄漏污染区人员至上风处,并进行隔离,严格限制出入。建议应急处理人员戴自给正压式呼吸器,穿一般作业工作服。尽可能切断泄漏源。合理通风,加速扩散。

安全储存:

储存于阴凉、通风良好的专用库房或储罐内,远离火种、热源。避免阳光直射;

应与易燃物或可燃物分开储存;

气瓶受热有爆炸危险,气瓶储运应轻装、轻卸,防止钢瓶及附件破损。

废弃处置:

允许气体安全地扩散到大气中。

物理和化学危险:压缩气体,不支持燃烧,钢瓶容器受热易超压,有爆炸危险。

健康危害:空气中氮含量过高,使吸入气氧分压下降,引起缺氧窒息。吸入氮气浓度不太高时,患者最初感胸闷、气短、疲软无力;继而有烦躁不安、极度兴奋、乱跑、叫喊、神情恍惚、步态不稳,称之为"氮酩酊",可进入昏睡或昏迷状态。吸入高浓度,患者可迅速出现昏迷、呼吸心跳停止而致死亡。潜水员深潜时,可发生麻醉作用,若从高压环境下过快转入常压环境,体内会形成氮气气泡,压迫神经、血管或造成微血管阻塞,发生"减压病"。

环境危害:该物质对环境无危害。

## 第三部分　危险性概述

√物质　　　　　　　　　　　　　　　　　　　混合物

| 组分 | 浓度或浓度范围 | CAS No. |
|---|---|---|
| 氮气 | ≥99.5% | 7727-37-9 |

## 第四部分　急救措施

急救:

吸入:迅速撤离现场到空气新鲜处;如呼吸停止,进行人工呼吸;如呼吸困难,给输氧。

眼睛接触:立即翻开上下眼睑,用流动清水或生理盐水冲洗,就医。

皮肤接触:若有皮肤冻伤,先用温水洗浴,再涂抹冻伤软膏,用消毒纱布包扎。

食入:无资料。

对保护施救者的忠告:无资料。

对医生的特别提示:无资料。

## 第五部分　消防措施

灭火方法:本品不燃,用雾状水保持火场中容器冷却。

灭火剂:使用与着火环境相适应的灭火剂灭火。

特别危险性:氮本身不燃烧,但盛装氮气容器与设备遇明火、高温可使器内压力急剧升高直至爆炸。

灭火注意事项及防护措施:灭火人员戴自给正压式呼吸器。

## 第六部分　泄漏应急处理

作业人员防护措施:大量泄漏时应急处理人员戴自给式呼吸器,穿工作服。低温液体泄漏时应做好自身防护。

环境保护措施:无污染。

泄漏化品的收容、清除方法及所使用的处置材料:迅速撤离泄漏污染区人员至上风处,并隔离直至气体散尽。切断气源,通风对流,稀释扩散。液氮泄漏时,须穿防护用具进入现场,保证现场通风。让泄漏氮自行挥发。泄漏容器不能再用,及时返回厂家。切断气源,抽排(室内)或强力通风(室外)。如有可能,将漏出气用排风机送至空旷地方。液体泄漏设法关闭泄漏源,自行挥发,做好现场通风。

## 第七部分　操作处置与储存

操作注意事项:密闭操作,提供良好的自然通风条件。通风不足的情况下,应带适当的呼吸装置。一般不需特殊防护,穿工作服,液体时要戴防护手套。避免高浓度吸入。进入罐或其他高浓度区作业前应做氧含量分析,须有人监护。搬运时轻装轻卸,防止钢瓶及附件破损。配备泄漏应急处理设备。使用后,气瓶余压不低于 0.3MPa。

储存注意事项:储存于阴凉、通风仓间内。仓温不宜超过 30℃。远离火种、热源。防止阳光直射。验收时要注意品名,注意验瓶日期,先进仓的先发用。

## 第八部分　接触控制/个体防护

接触限值(中国):未制定标准。

生物限值:未制定标准。

监测方法:化学分析或仪器分析。

工程控制:

生产过程密闭,环境加强通风。

个体防护设备:

呼吸系统防护:一般不需要特殊防护,但建议特殊情况下佩戴自吸过滤式防毒面具(半面罩)。

眼睛防护:接触液氮应戴面罩。

身体防护:低温工作区应穿防寒服。

手防护:低温环境戴棉手套。

其他防护:工程控制生产过程密闭,环境加强通风。

续表

## 第九部分 理化特性

外观与性状:无色无臭气体

pH 值(指明浓度):无资料        熔点(℃):$-209.8$

沸点(℃):$-195.6$        气体密度(g/L):0.967

相对蒸气密度(空气＝1):0.97        相对密度(水＝1):0.81($-196$℃)

饱和蒸气压(kPa):1026.42/$-173$℃        闪点(℃):无资料

临界压力(MPa):3.40        临界温度(℃):$-147$

$n$-辛醇/水分配系数:无资料

分解温度(℃):无资料        引燃温度(℃):无资料

爆炸下限:无资料        爆炸上限:无资料

易燃性:不燃

溶解性:微溶于水和乙醇

## 第十部分 稳定性和反应性

稳定性:稳定

危险反应:无资料

避免接触的条件:无资料

禁配物:无

危险分解产物:无资料

## 第十一部分 毒理学资料

急性毒性:无资料

皮肤刺激或腐蚀:无资料

眼睛刺激或腐蚀:无资料

呼吸或皮肤过敏:无资料

生殖细胞突变性:无资料

致癌性:无资料

生殖毒性:无资料

特异性靶器官系统毒性 一次接触:无资料

特异性靶器官系统毒性 反复接触:无资料

吸入危害:空气中氮气浓度过高,使氧分压降低而发生窒息。吸入氮浓度不太高时,患者最初感胸闷、气短、疲软无力;继而有烦躁不安、极度兴奋、乱跑、叫喊、神情恍惚、步态不稳,称之为"氮酩酊",可进入昏睡或昏迷状态。吸入高浓度,患者可迅速昏迷、因呼吸和心跳停止而死亡

刺激性:无资料

## 第十二部分 生态学资料

生态毒性:无资料

持久性和降解性:

生物降解性:无资料

非生物降解性:无资料

潜在的生物累积性:无资料

迁移性:无资料

## 第十三部分 废弃处置

废弃处置方法:排放大气

产品:排放大气

不洁的包装:回收

废弃注意事项:通风要良好,严防出现高浓度聚集

## 第十四部分 运输信息

联合国危险货物编号(UN 号):1066(压缩) 1977(液氮)

联合国运输名称:液氮

联合国危险性分类:第 2 类加压气体

续表

| |
|---|
| 包装类别:Ⅲ类包装 |
| 包装标志:不可燃气体 |
| 包装方法:压缩气体使用气瓶;液氮使用低温容器 |
| 海洋污染物(是/否):否 |
| 运输注意事项:气瓶戴好瓶帽和防震圈,防止曝晒和撞击。液体槽车应时刻监控储内压力。铁路、航空限量运输 |

<table>
<tr><td colspan="1" align="center">第十五部分　法规信息</td></tr>
<tr><td>
法规信息:下列法律、法规、规章和标准,对化学品的安全生产、使用、储存、运输、装卸、分类和标志、包装、职业危害等方面作了相应的规定:<br>
《中华人民共和国安全生产法》(2021年6月10日修订,自2021年9月1日起施行)<br>
《中华人民共和国职业病防治法》(2018年12月29日修订并实施)<br>
《危险化学品安全管理条例》(2011年2月16日修订,自2011年12月1日起施行)<br>
《工作场所安全使用化学品规定》(1997年1月1日施行)<br>
《危险化学品登记管理办法》(2012年7月1日施行)<br>
《化学品安全技术说明书 内容和项目顺序》(GB/T 16483—2008)<br>
《化学品安全技术说明书编写指南》(GB/T 17519—2013)<br>
《危险货物运输包装通用技术条件》(GB 12463—2009)<br>
《危险货物包装标志》(GB 190—2009)<br>
《危险货物运输包装类别划分方法》(GB/T 15098—2008)<br>
《危险货物分类和品名编号》(GB 6944—2012)<br>
《危险货物品名表》(GB 12268—2012)<br>
《工作场所有害因素职业接触限值 第1部分:化学有害因素》(GBZ 2.1—2019)<br>
《化学品分类和危险性公示 通则》(GB 13690—2009)<br>
《化学品分类和标签规范》(GB 30000.2～30000.29—2013)<br>
《危险化学品目录》(2015年版)将该物质划为加压气体
</td></tr>
</table>

## 6. 乙炔

<table>
<tr><td colspan="1" align="center">第一部分　化学品及企业标识</td></tr>
<tr><td>
化学品中文名:乙炔<br>
化学品英文名:acetylene<br>
企业名称:青海盐湖元品化工有限责任公司<br>
企业地址:青海省格尔木市察尔汗工业园区<br>
邮　　编:816000<br>
企业应急电话:0979-8440119<br>
产品推荐及限制用途:是有机合成的重要原料之一,亦是合成橡胶、合成纤维和塑料的单体,也用于氧炔焊割
</td></tr>
<tr><td colspan="1" align="center">第二部分　危险性概述</td></tr>
<tr><td>
紧急情况概述:极易燃气体。<br>
GHS危险性类别:根据化学品分类、警示标签和警示性说明规范系列标准(参阅第十五部分),该产品属于易燃气体,类别1;压力下气体。<br><br>
标签要素:<br>
象形图:<br>
警示词:危险。<br><br>
危险信息:极易燃气体,内装高压气体,遇热可能爆炸。<br>
防范说明:<br>
预防措施:远离热源、火花、明火、热表面,工作场所禁止吸烟。<br>
事故响应:泄漏气体着火,切勿灭火,除非能安全地切断泄漏源。如果没有危险,消除一切点火源。<br>
安全储存:避免日照,在通风良好处储存。<br>
废弃处置:本品或其容器依当地法规处置。
</td></tr>
</table>

物理化学危险:极易燃压力下气体,能与空气形成爆炸性混合物。受热能发生聚合。加热或压力升高发生分解,有引起火灾或爆炸的危险。与氧化剂剧烈反应。在光作用下,与氟、氯等反应,引起爆炸的危险。与铜、铝、汞或其盐类反应生成对震动敏感的化合物。含有压力下气体,受热可能爆炸。

健康危害:低浓度有麻醉作用,吸入出现头痛、头昏、恶心、共济失调等症状。高浓度引起窒息。

环境危害:无资料。

## 第三部分 成分/组成信息

√物质　　　　　　　　　　　　　　　　　混合物

| 危险组分 | 浓度或浓度范围 | CAS No |
| --- | --- | --- |
| 乙炔 | ≥98.0% | 74-86-2 |

## 第四部分 急救措施

急救:

皮肤接触:立即脱去污染的衣着,用肥皂和温水清洗影响区。如出现刺激,就医。

眼睛接触:一般不需要急救措施。

吸入:脱离现场至空气新鲜处。保暖、休息。如呼吸困难,给吸氧。如呼吸停止,进行人工呼吸。立即就医。

食入:不会通过该途径接触。

## 第五部分 消防措施

特别危险性:极易燃压力下气体。气体能与空气形成爆炸性混合物。受热能发生聚合加热或压力升高发生分解,有引起火灾或爆炸的危险。与氧化剂剧烈反应。在火场中,容器有开裂和爆炸的危险。

灭火方法和灭火剂:使用雾状水、泡沫、二氧化碳、干粉灭火。

灭火注意事项及措施:消防人员必须佩戴正压自给式呼吸器,穿全身消防服,在上风向灭火。切断气源。若不能立即切断气源,则不允许熄灭正在燃烧的气体。尽可能将容器从火场移至空旷处。喷水保持火场容器冷却,直至灭火结束。

## 第六部分 泄漏应急处理

作业人员防护措施、防护装备和应急处置程序:消除所有点火源。根据气体扩散的影响区域划定警戒区,无关人员从侧风、上风向撤离至安全区。合理通风,加速扩散。建议应急处理人员戴正压自给式呼吸器,穿防静电服。作业时使用的所有设备应接地。禁止接触或跨越泄漏物。尽可能切断泄漏源。

环境保护措施:防止泄漏物进入水体、下水道、受限空间。

泄漏化学品的收容、清除方法及所使用的处置材料:喷雾状水抑制蒸气或改变蒸气云流向,避免水流接触泄漏物。禁止用水直接冲击泄漏物或泄漏源。如有可能,将漏出气用排风机送至空旷地方或装设适当喷头烧掉。隔离泄漏区直至气体散尽。

## 第七部分 操作处置与储存

操作注意事项:密闭操作,全面通风。操作人员必须经过专门培训,严格遵守操作规程。建议操作人员穿防静电工作服。远离火种、热源,工作场所严禁吸烟。使用防爆型的通风系统和设备。禁止使用易产生火花的机械设备和工具。防止气体泄漏到工作场所空气中。避免与氧化剂、卤素等接触。在传送过程中,钢瓶和容器必须接地和跨接,防止产生静电。搬运时轻装轻卸,防止钢瓶及附件破损。配备相应品种和数量的消防器材及泄漏应急处理设备。

储存注意事项:储存于阴凉、通风的库房。远离火种、热源。库温不宜超过30℃。应与氧气、压缩空气、卤素、氧化剂分开存放,切忌混储。采用防爆型照明、通风设施。禁止使用易产生火花的机械设备和工具。储区应配备相应品种和数量的消防器材及泄漏应急处理设备。

## 第八部分 接触控制/个体防护

接触限值:无资料。

生物限值:无资料。

监测方法:气相色谱法。

工程控制:生产过程密闭,全面通风。提供安全淋浴和洗眼设备。

呼吸系统防护:一般不需要特殊防护,但建议特殊情况下佩戴自吸过滤式防毒面具(半面罩)。

眼睛防护:空气中浓度较高时,佩戴安全防护眼镜。

皮肤和身体防护:穿防静电工作服。

手防护:戴一般作业防护手套。

其他防护:工作现场严禁吸烟。避免长期反复接触。工作后沐浴更衣,保持良好的卫生习惯。

## 第九部分 理化特性

外观与性状:无色、无臭气体,工业品有令人不愉快的大蒜味

| | |
|---|---|
| pH 值(指明浓度):不适用 | 熔点/凝固点(℃):−81.8(119kPa) |
| 沸点、初沸点和沸程(℃):−83.8 | 密度:无资料 |
| 相对蒸气密度(空气=1):0.91 | 相对密度(水=1):0.62 |
| 燃烧热(kJ/mol):不适用 | 饱和蒸气压(kPa):4053(16.8℃) |
| 临界压力(MPa):6.14 | 临界温度(℃):35.2 |
| 闪点(℃):−32 | $n$-辛醇/水分配系数:无资料 |
| 分解温度(℃):不适用 | 引燃温度(℃):305 |
| 爆炸下限[%(体积分数)]:2.5 | 爆炸上限[%(体积分数)]:80 |

易燃性:极易燃

溶解性:微溶于水、乙醇,溶于丙酮、氯仿、苯

## 第十部分 稳定性和反应性

稳定性:在正常条件下稳定。

禁配物:氧气、压缩空气、卤素及其他氧化剂等。

避免接触的条件:高热、明火。

危险反应:与氧化剂发生剧烈反应,有引起燃烧爆炸的危险。

危险分解产物:受热或燃烧产生一氧化碳、二氧化碳。

## 第十一部分 毒理学资料

急性毒性:哺乳动物吸入 LCLo(最低致死浓度):$5.0×10^5$ ppm。

| | |
|---|---|
| 皮肤刺激或腐蚀:无资料。 | 眼睛刺激或腐蚀:无资料。 |
| 呼吸或皮肤过敏:无资料。 | 生殖细胞突变性:无资料。 |
| 致癌性:无资料。 | 生殖毒性:无资料。 |

特异性靶器官系统毒性——一次性接触:无资料。

特异性靶器官系统毒性——反复接触:无资料。

吸入危害:无资料。

## 第十二部分 生态学资料

生态毒性:$LC_{50}$ 200mg/(L·33h)(河鳟鱼)。

持久性和降解性:在大气中半衰期约为 20d。

潜在的生物累积性:无资料。

迁移性:高迁移性,低挥发性。

## 第十三部分 废弃处置

废弃处置方法:

产品:建议用控制焚烧法处置。

不洁的包装:把倒空的容器归还厂商或根据国家和地方法规处置。

废弃注意事项:处置前应参阅国家和地方有关法规。

## 第十四部分 运输信息

联合国危险货物编号(UN 号):1001

联合国运输名称:溶解乙炔

联合国危险性分类:2.1

包装类别:

包装标志:易燃气体

包装方法:专用溶解乙炔气瓶

海洋污染物(是/否):否

运输注意事项:采用钢瓶运输时必须戴好钢瓶上的安全帽。钢瓶一般平放,并应将瓶口朝同一方向,不可交叉;高度不得超过车辆的防护栏板,并用三角木垫卡牢,防止滚动。运输时运输车辆应配备相应品种和数量的消防器材。装运该物品的车辆排气管必须配备阻火装置。禁止使用易产生火花的机械设备和工具装卸。严禁与氧化剂等混装混运。夏季应早晚运输,防止日光曝晒。中途停留时应远离火种、热源。公路运输时要按规定路线行驶,勿在居民区

续表

| 和人口稠密区停留。铁路运输时要禁止溜放。 |
| --- |
| **第十五部分　法规信息** |
| 法规信息:下列法律法规和标准,对化学品的安全使用、储存、运输、装卸、分类和标志等方面均作了相应的规定:<br>《中华人民共和国安全生产法》(2021 年 6 月 10 日修订,自 2021 年 9 月 1 日起施行)<br>《中华人民共和国职业病防治法》(2018 年 12 月 29 日修订并实施)<br>《危险化学品安全管理条例》(2011 年 2 月 16 日修订,自 2011 年 12 月 1 日起施行)<br>《工作场所安全使用化学品规定》(1997 年 1 月 1 日施行)<br>《危险化学品登记管理办法》(2012 年 7 月 1 日施行)<br>《化学品安全技术说明书 内容和项目顺序》(GB/T 16483—2008)<br>《化学品安全技术说明书编写指南》(GB/T 17519—2013)<br>《危险货物运输包装通用技术条件》(GB 12463—2009)<br>《危险货物包装标志》(GB 190—2009)<br>《危险货物运输包装类别划分方法》(GB/T 15098—2008)<br>《危险货物分类和品名编号》(GB 6944—2012)<br>《危险货物品名表》(GB 12268—2012)<br>《工作场所有害因素职业接触限值 第 1 部分:化学有害因素》(GBZ 2.1—2019)<br>《化学品分类和危险性公示 通则》(GB 13690—2009)<br>《化学品分类和标签规范》(GB 30000.2～30000.29—2013)<br>《危险货物品名表》(GB 12268—2012):列入,将该物质划为第 2.1 类易燃气体 |

## 7. NMP

| **第一部分　化学品及企业标识** |
| --- |
| 化学品中文名:$N$-甲基吡咯烷酮<br>化学品英文名:NMP<br>企业名称:青海盐湖元品化工有限责任公司<br>企业地址:青海省格尔木市察尔汗工业园区<br>邮　　编:816000<br>企业应急电话:0979-8440119<br>产品推荐及限制用途:是有机合成的重要原料之一。亦是合成橡胶、合成纤维和塑料的单体,也用于氧炔焊割 |
| **第二部分　危险性概述** |
| 危险性类别:第 3.3 类 高闪点易燃液体。<br>侵入途径:吸入、食入、经皮吸收。<br>健康危害:可燃性液体和蒸气。对皮肤、眼睛及呼吸道产生刺激。吞入、吸入或透皮吸收均有害。皮肤接触会导致瘙痒、发红、脱皮及荨麻疹,且可快速透皮吸收,能将其他溶解的毒素运至体内。眼睛接触对眼睛有刺激性并会造成角膜灼伤。吸入会产生呼吸道刺激、头痛、恶心、头晕以及困倦。摄入会导致头晕、困倦、恶心、呕吐、痛性痉挛以及寒战。<br>环境危害:对环境有一定危害,对水体可造成污染。<br>燃爆危险:易燃,其蒸气与空气可形成爆炸性混合物,遇明火、高热能引起燃烧爆炸。 |
| **第三部分　成分/组成信息** |

| 有害物成分:$N$-甲基吡咯烷酮 | 含量:≥99.9% |
| --- | --- |
| 分子量:99.15 | CAS 号:872-50-4 |

| **第四部分　急救措施** |
| --- |
| 皮肤接触:在脱掉受污染的衣物和安全鞋的同时用水冲洗皮肤至少 15min。如产生刺激或任何其他症状应就医治疗。<br>眼睛接触:立即用大量水冲洗眼睛至少 15min。需就医治疗。<br>吸入:将受害者移至新鲜空气中。如呼吸停止,应施予人工呼吸。如果呼吸困难,由具资质的人员给予氧气治疗。需立即就医治疗。<br>摄入:如仍有意识,应用水漱口。患者可通过喝水或牛奶来稀释胃容物。除非有医疗人士指导,不可自行催吐。应立即就医治疗。 |

| 第五部分 消防措施 |
| --- |
| 危险特性:易燃,闪点为99℃,着火温度为346℃,其蒸气与空气可形成爆炸性混合物,遇明火、高热能引起燃烧爆炸。与氧化剂能发生强烈反应。 |
| 有害燃烧产物:一氧化碳、二氧化碳、氮氧化物。 |
| 灭火方法:二氧化碳、干化学制品、泡沫或雾状水灭火。 |

| 第六部分 泄漏应急处理 |
| --- |
| 应急处理:清除着火源,隔离溢出区域。如可能应使用工具装盛和回收溢出液。用惰性物质将少量溢出液吸收并置于经许可的化学废品容器中。对于大量的溢出液,应用惰性物质将溢出区域堤围,并转入与上面相同的容器。不可任其流入下水道或排水沟。泼溅和泄漏事故可能需要向相关政府部门报告。 |

| 第七部分 操作处置与储存 |
| --- |
| 操作注意事项:仅在通风良好的地方或露天使用,不能吸入蒸气,尽量在顺风处操作。避免眼睛、皮肤或衣服接触到本品,注意要戴上相应的防护装备。避免泄漏、溢流或泼洒。 |
| 储存注意事项:存放于阴凉、干燥、通风良好处、远离热源、引火源及不相容物质。本品应保持容器直立且密闭。应避免容器发生物理性损伤。 |

| 第八部分 接触控制/个体防护 |
| --- |
| 最高容许浓度:ACGIH TLV(TWA)未制订。 |
| 工程控制:确保提供充分的机械通风。在装卸或转移本品处应采用局部通风。 |
| 呼吸系统防护:在通风良好的区域无须采用防护措施。如果有潜在的吸入蒸气或雾气的可能,应使用NIOSH许可的呼吸器。 |
| 眼睛防护:常规操作时应穿戴带无孔防护眼镜。根据产品的数量和使用环境来确定是否使用护目镜或全面罩。 |
| 身体防护:应穿戴不渗透的防护服装,包括工作鞋、手套、实验服、围裙或工作服以避免皮肤与液体发生接触。 |
| 手防护:戴橡胶耐油手套。 |
| 其他防护:在工作区域附近应提供洗眼装置和安全淋浴器。 |

| 第九部分 理化特性 | |
| --- | --- |
| 外观与性状:无色透明油状液体,微有胺的气味 | |
| 熔点(℃):−24.4 | 沸点(℃):203 |
| 相对密度(水=1):1.03(20℃) | 相对蒸气密度(空气=1):3.4 |
| 饱和蒸气压(kPa):0.27(20℃) | 燃烧热(kJ/mol):3010 |
| 临界温度(℃):445 | 临界压力(MPa):4.76 |
| 辛醇/水分配系数的对数值:−0.8 | |
| 闪点(℃):95 | 引燃温度(℃):346 |
| 爆炸上限[%(体积分数)]:9.5 | 爆炸下限[%(体积分数)]:1.3 |
| 溶解性:易溶于水、乙醇、乙醚、丙酮、乙酸乙酯、氯仿和苯,能溶解大多数有机与无机化合物、极性气体、天然及合成高分子化合物 | |

| 第十部分 稳定性和反应性 |
| --- |
| 稳定性:在常规及预期储存或操作条件下稳定。 |
| 禁配物:强氧化剂、强碱、强酸。 |
| 避免接触的条件:避免放于加热容器中,避免和强氧化剂、强碱、强酸接触。 |
| 聚合危害:不会发生。 |
| 分解产物:燃烧时生成一氧化碳、二氧化碳及氮氧化物。 |

| 第十一部分 毒理学资料 |
| --- |
| 急性毒性:口服$LD_{50}$(大鼠)3914mg/kg;口服$LC_{50}$(小鼠)5130mg/kg;皮下半致死量(兔子)4000~8000mg/kg(皮肤完好)及2000~4000mg/kg(皮肤破损)。 |
| 亚急性和慢性毒性:在一项重复剂量研究中,小鼠被喂以3个月的0、1000mg/kg、2500mg/kg或7500mg/kg的饮食浓度,其中2500mg/kg及7500mg/kg的剂量会产生肝脏毒性。 |
| 刺激性:对眼睛和皮肤有刺激性。 |
| 致敏性:无。 |

致突变性:埃姆斯试验阴性,小鼠微核试验单次口服剂量低于 3800mg/kg 时呈阴性,中国仓鼠骨髓试验单次口服剂量低于 3800mg/kg 时呈阴性。

致畸性:通过将 NMP 敷用在大鼠的皮肤中,进行畸形试验,发现 750mg/kg 时母体毒性,怀孕期体重增长下降。同时观察到每个母体中只有更少的胎儿,再吸收和骨骼异常化比例增加。在 75mg/kg 或 237mg/kg 中,既无畸形影响,也无对母体的影响。

致癌性:无。

## 第十二部分 生态学资料

生态毒性:$LC_{50}$(浅蓝色食用大太阳鱼)832mg/L,22℃;$LC_{50}$(Pathead 米诺鱼)1072mg/L,22℃;$LC_{50}$(鲑鱼)3048mg/L,22℃。

生物降解性:BOD 1300mg/L(水溶性 0.1%)。

生物富集或生物积累性:无。

非生物降解性:$COD_{Mn}$ 340mg/L(水溶性 0.1%)。

## 第十三部分 废弃处置

废弃物性质:危险废物。

废弃处置方法:用焚烧法处置。与燃料混合后再焚烧。焚烧炉排出的氮氧化物通过洗涤器除去。

废弃注意事项:处置前应参阅国家和地方有关法规。

## 第十四部分 运输信息

危险货物编号:33636

UN 编号:2734

包装类别:Ⅲ类包装

包装标志:易燃液体

包装方法:小开口钢桶;安瓿瓶外普通木箱;螺纹口玻璃瓶、铁盖压口玻璃瓶、塑料瓶或金属桶(罐)外普通木箱

运输注意事项:

运输时运输车辆应配备相应品种和数量的消防器材及泄漏应急处理设备。

夏季最好早晚运输。运输时所用的槽(罐)车应有接地链,槽内可设孔隔板以减少震荡产生静电。

严禁与氧化剂、酸类、食用化学品等混装混运。

运输途中应防曝晒、雨淋,防高温。中途停留时应远离火种、热源、高温区。

装运该物品的车辆排气管必须配备阻火装置,禁止使用易产生火花的机械设备和工具装卸。

公路运输时要按规定路线行驶,勿在居民区和人口稠密区停留。

## 第十五部分 法规信息

《危险化学品安全管理条例》(2011 年 2 月 16 日修订,自 2011 年 12 月 1 日起施行)

《工作场所安全使用化学品规定》(1997 年 1 月 1 日施行)

新化学物质环境管理办法等法规,针对化学危险品的安全使用、生产、储存、运输、装卸等方面均作了相应规定

该物品未列入《危险化学品目录》(2015 版)

该物品被列入《化学品分类和危险性公示 通则》(GB 13690—2009)

# 8. 硫酸

## 第一部分 化学品及企业标识

化学品中文名:硫酸

化学品英文名:sulfuric acid

企业名称:青海盐湖元品化工有限责任公司

企业地址:青海省格尔木市察尔汗工业园区

邮 编:816000

企业应急电话:0979-8440119

产品推荐及限制用途:用于生产化学肥料,在化工、医药、塑料、染料、石油提炼等工业也有广泛的应用

## 第二部分 危险性概述

危险性类别:第 8.1 类

酸性腐蚀品

侵入途径:吸入、食入。

健康危害:对皮肤、黏膜等组织有强烈的刺激和腐蚀作用。蒸气或雾可引起结膜炎、结膜水肿、角膜混浊,以致失明;引起呼吸道刺激,重者发生呼吸困难和肺水肿;高浓度引起喉痉挛或声门水肿而窒息死亡。口服后引起消化道烧伤以致溃疡形成;严重者可能有胃穿孔、腹膜炎、肾损害、休克等。皮肤灼伤轻者出现红斑、重者形成溃疡,愈后瘢痕收缩影响功能。溅入眼内可造成灼伤,甚至角膜穿孔、全眼炎以至失明。

慢性影响:牙齿酸蚀症、慢性支气管炎、肺气肿和肺硬化。

环境危害:对水体和土壤可造成污染。

燃爆危险:不燃,无特殊燃爆特性。与可燃物接触易着火燃烧。

## 第三部分 成分/组成信息

纯品☑                                              混合物□

| 有害物成分 | 浓度范围 | CAS No. |
|---|---|---|
| 硫酸 | 93%~98% | 7664-93-9 |

## 第四部分 急救措施

皮肤接触:立即脱去污染的衣着,用大量流动清水冲洗 20~30min。如有不适感,就医。

眼睛接触:立即提起眼睑,用大量流动清水或生理盐水彻底冲洗 10~15min。如有不适感,就医。

吸入:迅速脱离现场至空气新鲜处。保持呼吸道通畅。如呼吸困难,给输氧。呼吸、心跳停止,立即进行心脏复苏术。就医。

食入:用水漱口,给饮牛奶或蛋清。就医。

## 第五部分 消防措施

危险特性:遇水大量放热,可发生沸溅。与易燃物(如苯)和可燃物(如糖、纤维素等)接触会发生剧烈反应,甚至引起燃烧。遇电石、高氯酸盐、雷酸盐、硝酸盐、苦味酸盐、金属粉末等猛烈反应,发生爆炸或燃烧。有强烈的腐蚀性和吸水性。

有害燃烧产物:无意义。

灭火方法:本品不燃。根据着火原因选择适当灭火剂灭火。

灭火注意事项及措施:

消防人员必须穿全身耐酸碱消防服、佩戴空气呼吸器灭火。尽可能将容器从火场移至空旷处。喷水保持火场容器冷却,直至灭火结束。避免水流冲击物品,以免遇水放出大量热量发生喷溅而灼伤皮肤。

## 第六部分 泄漏应急处理

应急行动:根据液体流动和蒸气扩散的影响区域划定警戒区,无关人员从侧风、上风向撤离至安全区。建议应急处理人员戴正压自给式呼吸器,穿防酸碱服。穿上适当的防护服前严禁接触破裂的容器和泄漏物。尽可能切断泄漏源。勿使泄漏物与可燃物质(如木材、纸、油等)接触。防止泄漏物进入水体、下水道、地下室或密闭性空间。小量泄漏:用干燥的砂土或其他不燃材料覆盖泄漏物,用洁净的无火花工具收集泄漏物,置于一盖子较松的塑料容器中,待处置。大量泄漏:构筑围堤或挖坑收容。用飞尘或石灰粉吸收大量液体。用农用石灰(CaO)、碎石灰石($CaCO_3$)或碳酸氢钠($NaHCO_3$)中和。用耐腐蚀泵转移至槽车或专用收集器内。

## 第七部分 操作处置与储存

操作注意事项:密闭操作,注意通风。操作尽可能机械化、自动化。操作人员必须经过专门培训,严格遵守操作规程。建议操作人员佩戴自吸滤式防毒面具(全面罩),穿橡胶耐酸碱服,戴橡胶耐酸碱手套。远离火种、热源,工作场所严禁吸烟。远离易燃、可燃物。防止蒸气泄漏到工作场所空气中。避免与还原剂、碱类、碱金属接触。搬运时要轻装轻卸,防止包装及容器损坏。配备相应品种和数量的消防器材及泄漏应急处理设备。

倒空的容器可能残留有害物。稀释或制备溶液时,应把酸加入水中,避免沸腾和飞溅。

储存注意事项:储存于阴凉、通风的库房。保持容器密封。应与易(可)燃物、还原剂、碱类、碱金属、食用化学品分开存放,切忌混储。储区应备有泄漏应急处理设备和合适的收容材料。

## 第八部分 接触控制/个体防护

MAC(mg/m³):无资料                          PC-TWA(mg/m³):1

PC-STEL(mg/m³):2                            TLV-C(mg/m³):—

TLV-TWA(mg/m³):1                           TLV-STEL(mg/m³):3

监测方法:氯化钡比色法;离子色谱法

工程控制:密闭操作,注意通风。提供安全淋浴和洗眼设备呼吸系统防护:可能接触其烟雾时,佩戴过滤式防毒面具(全面罩)或空气呼吸器。紧急事态抢救或撤离时,建议佩戴空气呼吸器。

　　眼睛防护:呼吸系统防护中已作防护。

　　身体防护:穿橡胶耐酸碱服。

　　手防护:戴橡胶耐酸碱手套。

　　其他防护:工作现场禁止吸烟、进食和饮水。工作完毕,淋浴更衣。单独存放被毒物污染的衣服,洗后备用。保持良好的卫生习惯。

### 第九部分　理化特性

外观与性状:纯品为无色透明油状液体,无臭

pH 值:无资料

| | |
|---|---|
| 熔点(℃):3～10 | 沸点(℃):315～338 |
| 相对密度(水=1):1.6～1.84 | 相对蒸气密度(空气=1):3.4 |
| 饱和蒸气压(kPa):0.13(145.8℃) | 临界压力(MPa):无资料 |
| 辛醇/水分配系数:无资料 | |
| 闪点(℃):无意义 | 引燃温度(℃):无意义 |
| 爆炸下限:无意义 | 爆炸上限:无意义 |
| 分子式:$H_2SO_4$ | 溶解性:与水混溶 |

主要用途:用于生产化学肥料,在化工、医药、塑料、染料、石油提炼等工业也有广泛的应用

### 第十部分　稳定性和反应性

稳定性:稳定。

禁配物:碱类、强还原剂、易燃或可燃物、电石、高氯酸盐、雷酸盐、硝酸盐、苦味酸盐、金属粉末等。

避免接触的条件:操作时穿戴好劳动保护用品。

聚合危害:不聚合。

分解产物:二氧化硫。

### 第十一部分　毒理学资料

急性毒性:属中等毒类。硫酸蒸气和烟雾吸入可刺激和烧伤上呼吸道黏膜,损伤支气管和肺脏。其腐蚀性可致组织局限性烧伤和坏死。接触皮肤,可致皮肤损伤。

　　$LD_{50}$(大鼠经口):2140mg/kg;

　　$LC_{50}$(大鼠吸入):510mg/m$^3$(2 小时);320mg/m$^3$(2 小时)(小鼠吸入)。

亚急性和慢性毒性:

刺激性:家兔经眼:1380$\mu$g,重度刺激。

致敏性:无资料。

致突变性:无资料。

致畸性:无资料。

致癌性:无资料。

### 第十二部分　生态学资料

生态毒性:无资料。

生物降解性:无资料。

非生物降解性:无资料。

　　其他有害作用:该物质对环境有危害,应特别注意对水体和土壤的污染。

### 第十三部分　废弃处置

废弃物性质:危险废物。

废弃处置方法:缓慢加入碱液-石灰水中,并不断搅拌,反应停止后,用大量水冲入废水系统。

废弃注意事项:处置前应参阅国家和地方有关法规。

### 第十四部分　运输信息

| | |
|---|---|
| 危险货物编号:81007 | UN 编号:1830 |

包装类别:Ⅰ类包装

包装标志:腐蚀品

| |
|---|
| 　包装方法:耐酸坛或陶瓷瓶外普通木箱或半花格木箱;磨砂口玻璃瓶或螺纹口玻璃瓶外普通木箱。 |
| 　运输注意事项:本品铁路运输时限使用钢制企业自备罐车装运,装运前需报有关部门批准。铁路非罐装运输时应严格按照《危险货物运输规则》中的危险货物配装表进行配装。起运时包装要完整,装载应稳妥。运输过程中要确保容器不泄漏、不倒塌、不坠落、不损坏。严禁与易燃物或可燃物、还原剂、碱类、碱金属、食用化学品等混装混运。运输时运输车辆应配备泄漏应急处理设备。运输途中应防曝晒、雨淋,防高温。公路运输时要按规定路线行驶,勿在居民区和人口稠密区停留。 |

## 第十五部分　法规信息

　法规信息:下列法律、法规、规章和标准,对化学品的安全生产、使用、储存、运输、装卸、分类和标志、包装、职业危害等方面作了相应的规定:

《中华人民共和国安全生产法》(2021年6月10日修订,自2021年9月1日起施行)

《中华人民共和国职业病防治法》(2018年12月29日修订并实施)

《危险化学品安全管理条例》(2011年2月16日修订,自2011年12月1日起施行)

《工作场所安全使用化学品规定》(1997年1月1日施行)

《危险化学品登记管理办法》(2012年7月1日施行)

《化学品安全技术说明书 内容和项目顺序》(GB/T 16483—2008)

《化学品安全技术说明书编写指南》(GB/T 17519—2013)

《危险货物运输包装通用技术条件》(GB 12463—2009)

《危险货物包装标志》(GB 190—2009)

《危险货物运输包装类别划分方法》(GB/T 15098—2008)

《危险货物分类和品名编号》(GB 6944—2012)

《危险货物品名表》(GB 12268—2012)

《工作场所有害因素职业接触限值 第1部分:化学有害因素》(GBZ 2.1—2019)

《化学品分类和危险性公示 通则》(GB 13690—2009)

《化学品分类和标签规范》(GB 30000.2~30000.29—2013)

# 9. 氢氧化钠

## 第一部分　化学品及企业标识

化学品中文名:氢氧化钠

化学品英文名:sodium hydroxide|caustic soda|sodium hydrate

化学品别名:苛性钠|烧碱

CAS号.:1310-73-2

EC号.:215-185-5

分子式:NaOH

企业名称:青海盐湖元品化工有限责任公司

企业地址:青海省格尔木市察尔汗工业园区

邮　　编:816000

企业应急电话:0979-8440119

## 第二部分　危险性概述

紧急情况概述:固体。会引起皮肤烧伤,有严重损害眼睛的危险。

GHS危险性分类:

皮肤腐蚀/刺激,类别1A

眼损伤/眼刺激,类别1

象形图:

信号词:危险。

危险性说明:引起严重皮肤灼伤。引起严重眼损伤。

防范说明：

预防措施：不要吸入粉尘/烟/气体/烟雾/蒸气/喷雾。

作业后彻底清洗。

戴防护手套/穿防护服/戴防护眼罩/戴防护面具。

事故反应：立即呼叫中毒急救中心/医生。

沾染的衣服清洗后方可重新使用。

如误吸入：将受伤人员转移到空气新鲜处，保持呼吸舒适的体位。

如误吞咽：漱口。不要诱导呕吐。

如皮肤（或头发）沾染：立即去除/脱掉所有沾染的衣服。用水清洗皮肤或淋浴。

如进入眼睛：用水小心冲洗几分钟。如戴隐形眼镜并可方便地取出，取出隐形眼镜。继续冲洗。

具体治疗见本标签。

安全储存：存放处需加锁。

废弃处置：处置内装物/容器，按照相关国家法律法规标准。

## 第三部分　成分/组成信息

纯品/混合物：混合物

| 成分 | 浓度或浓度范围（%） | CAS 号 |
| --- | --- | --- |
| 氢氧化钠 | 30 | 1310-73-2 |

## 第四部分　急救措施

皮肤接触：立即脱去污染的衣物。用大量肥皂水和清水冲洗皮肤。如有不适，就医。

眼睛接触：用大量水彻底冲洗至少 15min。如有不适，就医。

吸入：立即将患者移到新鲜空气处，保持呼吸畅通。如果呼吸困难，给予吸氧。如患者食入或吸入本物质，不得进行口对口人工呼吸。如果呼吸停止。立即进行心肺复苏术。立即就医。

误服：禁止催吐，切勿给失去知觉者从嘴里喂食任何东西。立即呼叫医生或中毒控制中心。

## 第五部分　消防措施

危险特性：遇火水蒸发后可能会产生刺激性、毒性或腐蚀性的气体。暴露于火中的容器可能会通过压力安全阀泄漏出内容物。

灭火方法与灭火剂：干粉、二氧化碳或耐醇泡沫。避免用太强烈的水汽灭火，因为它可能会使火苗蔓延分散。

灭火注意事项及措施：灭火时，应佩戴呼吸面具（符合 MSHA/NIOSH 要求的或相当的）并穿上全身防护服。在安全距离处、有充足防护的情况下灭火。防止消防水污染地表和地下水系统。

## 第六部分　泄漏应急处理

作业人员防护措施、防护装备和应急处置程序：迅速将人员撤离到安全区域，远离泄漏区域并处于上风方向。使用个人防护装备。

环境保护措施：在确保安全的情况下，采取措施防止进一步的泄漏或溢出。避免排放到周围环境中。

泄漏化学品的收容、清除方法及处置材料：少量泄漏时，可采用惰性吸附材料吸收泄漏物，大量泄漏时需筑堤控制。附着物或收集物应存放在合适的密闭容器中，并根据当地相关法律法规废弃处置。

## 第七部分　操作处置与储存

操作注意事项：在通风良好处进行操作。穿戴合适的个人防护用具。避免接触皮肤和进入眼睛。远离热源、火花、明火和热表面。

储存注意事项：保持容器密闭。阴凉和通风处。远离热源、火花、明火和热表面。存储于远离不相容材料和食品容器的地方。

## 第八部分　接触控制/个体防护

工程控制：确保在工作场所附近有洗眼和淋浴设施。使用防爆电器、通风、照明等设备。设置应急撤离通道和必要的泄险区。

眼睛防护：佩戴化学护目镜。

身体防护：穿阻燃防静电防护服和抗静电的防护靴。

手防护：戴化学防护手套（例如丁基橡胶手套）。建议选择经过欧盟 EN 374、美国 US F739 或 AS/NZS 2161.1 标准测试的防护手套。

其他：工作现场禁止吸烟、进食和饮水。工作完毕，淋浴更衣。保持良好的卫生习惯。

| 第九部分　理化特性 | |
| --- | --- |
| 外观与性状:无色液体 | |
| pH 值:14 | 熔点(℃):-2 |
| 沸点(℃):100 | 闪点(℃):不适用 |
| 引燃温度(℃):不适用 | |
| 爆炸下限(%):无资料 | |
| 爆炸上限(%):无资料 | |
| 相对密度(水=1):1.21(20℃) | 相对密度(空气=1):不适用 |
| 饱和蒸气压(kPa):不适用 | 辛醇/水分配系数:无资料 |
| 临界温度(℃):无资料 | 临界压力(MPa):无资料 |
| 折射率:无资料 | 溶解性:与水混溶 |

**第十部分　稳定性和反应性**

稳定性:稳定。

聚合危害:不能发生。

燃烧(分解)产物:在正常的储存和使用条件下,不会产生危险的分解产物。

**第十一部分　毒理学资料**

急性毒性:无资料。

皮肤刺激或腐蚀:无资料。

眼睛刺激或腐蚀:无资料。

呼吸或皮肤过敏:无资料。

生殖细胞突变性:无资料。

致癌性:无资料。

生殖毒性:无资料。

特异靶器官系统毒性——一次性接触:无资料。

特异靶器官系统毒性——重复接触:无资料。

吸入危害:无资料。

**第十二部分　生态学资料**

生态毒性:无资料。

持久性和降解性:无资料。

潜在的生物累积性:无资料。

土壤迁移性:无资料。

**第十三部分　废弃处置**

产品:如需求医,随手携带产品容器或标签。

不洁的包装:包装物清空后仍可能存在残留物危害,应远离热和火源,如有可能返还给供应商循环使用。

**第十四部分　运输信息**

联合国危险货物编号(UN 号):1823

联合国危险性类别:8

包装类别:Ⅱ类包装

包装标志:

海洋污染物:否

运输时注意事项:运输时运输车辆应配备相应品种和数量的消防器材及泄漏应急处理设备。运输前应先检查包装容器是否完整、密封。运输工具上应根据相关运输要求张贴危险标志、公告。

续表

| 第十五部分　法规信息 |
| --- |

法规信息:下列法律、法规、规章和标准,对化学品的安全生产、使用、储存、运输、装卸、分类和标志、包装、职业危害等方面作了相应的规定:

《中华人民共和国安全生产法》(2021 年 6 月 10 日修订,自 2021 年 9 月 1 日起施行)

《中华人民共和国职业病防治法》(2018 年 12 月 29 日修订并实施)

《危险化学品安全管理条例》(2011 年 2 月 16 日修订,自 2011 年 12 月 1 日起施行)

《工作场所安全使用化学品规定》(1997 年 1 月 1 日施行)

《危险化学品登记管理办法》(2012 年 7 月 1 日施行)

《化学品安全技术说明书 内容和项目顺序》(GB/T 16483—2008)

《化学品安全技术说明书编写指南》(GB/T 17519—2013)

《危险货物运输包装通用技术条件》(GB 12463—2009)

《危险货物包装标志》(GB 190—2009)

《危险货物运输包装类别划分方法》(GB/T 15098—2008)

《危险货物分类和品名编号》(GB 6944—2012)

《危险货物品名表》(GB 12268—2012)

《工作场所有害因素职业接触限值 第 1 部分:化学有害因素》(GBZ 2.1—2019)

《化学品分类和危险性公示 通则》(GB 13690—2009)

《化学品分类和标签规范》(GB 30000.2~30000.29—2013)

# 10. 液氨

| 第一部分　化学品及企业标识 |
| --- |

化学品中文名称:氨;氨气(液氨)

化学品英文名称:ammonia

企业名称:青海盐湖元品化工有限责任公司

企业地址:青海省格尔木市察尔汗工业园区

邮　　编:816000

企业应急电话:0979-8440119

| 第二部分　危险性概述 |
| --- |

危险性类别:第 2.3 类 有毒气体。

侵入途径:吸入。

健康危害:低浓度氨对黏膜有刺激作用,高浓度可造成组织溶解坏死。轻度中毒者出现流泪、咽痛、声音嘶哑、咳嗽、咳痰等;眼结膜、鼻黏膜、咽部充血、水肿;胸部 X 线征象符合支气管炎或支气管周围炎。中度中毒上述症状加剧,出现呼吸困难、紫绀;胸部 X 线征象符合肺炎或间质性肺炎。严重者可发生中毒性肺水肿,或有呼吸窘迫综合征,患者剧烈咳嗽、咯大量粉红色泡沫样痰、呼吸窘迫、谵妄、昏迷、休克等。可发生喉头水肿或支气管黏膜坏死脱落窒息。高浓度氨可引起反射性呼吸停止。液氨或高浓度氨可致眼灼伤;液氨可致皮肤灼伤。

环境危害:该物质对环境有严重危害,对水体、土壤和大气可造成污染。

燃爆危险:易燃,有毒,具刺激性,其蒸气与空气可形成爆炸性混合物,遇明火、高热有燃烧爆炸危险。

| 第三部分　成分/组成信息 | |
| --- | --- |
| 纯品☑ | 混合物□ |

化学品名称:氨

| 有害物成分:氨浓度:98% | CAS 号:7664-41-7 |
| --- | --- |

| 第四部分　急救措施 |
| --- |

皮肤接触:立即脱去污染的衣着,应用 2%硼酸液或大量清水彻底冲洗。就医。

眼睛接触:立即提起眼睑,用大量流动清水或生理盐水彻底冲洗至少 15min。就医。

吸入:迅速脱离现场至空气新鲜处。保持呼吸道通畅。如呼吸困难,给输氧。如呼吸停止,立即进行人工呼吸。就医。

食入:就医。

## 第五部分　消防措施

危险特性:与空气混合能形成爆炸性混合物。遇明火、高热能引起燃烧爆炸。与氟、氯等接触会发生剧烈的化学反应。若遇高热,容器内压增大,有开裂和爆炸的危险。

有害燃烧产物:氧化氮、氨。

灭火方法及灭火剂:消防人员必须穿全身防火防毒服,在上风向灭火。切断气源。若不能切断气源,则不允许熄灭泄漏处的火焰。喷水冷却容器,可能的话将容器从火场移至空旷处。灭火剂:雾状水、抗溶性泡沫、二氧化碳、砂土。

## 第六部分　泄漏应急处理

应急处理:迅速撤离泄漏污染区人员至上风处,并立即隔离150m,严格限制出入。切断火源。建议应急处理人员戴自给正压式呼吸器,穿防静电工作服。尽可能切断泄漏源。合理通风,加速扩散。高浓度泄漏区,喷含盐酸的雾状水中和、稀释、溶解。构筑围堤或挖坑收容产生的大量废水。如有可能,将残余气或漏出气用排风机送至水洗塔或与塔相连的通风橱内。储罐区最好设稀酸喷洒设施。漏气容器要妥善处理,修复、检验后再用。

## 第七部分　操作处置与储存

操作处置注意事项:严加密闭,提供充分的局部排风和全面通风。操作人员必须经过专门培训,严格遵守操作规程。建议操作人员佩戴过滤式防毒面具(半面罩),戴化学安全防护眼镜,穿防静电工作服,戴橡胶手套。远离火种、热源,工作场所严禁吸烟。使用防爆型的通风系统和设备。防止气体泄漏到工作场所空气中。避免与氧化剂、酸类、卤素接触。搬运时轻装轻卸,防止钢瓶及附件破损。配备相应品种和数量的消防器材及泄漏应急处理设备。

储存注意事项:储存于阴凉、通风的库房。远离火种、热源。库温不宜超过30℃。应与氧化剂、酸类、卤素、食用化学品分开存放,切忌混储。采用防爆型照明、通风设施。禁止使用易产生火花的机械设备和工具。储区应备有泄漏应急处理设备。

## 第八部分　接触控制/个体防护

职业接触限值

中国 MAC($mg/m^3$):20

TLVTN(ACGIH):$25\times10^{-6}$,$18mg/m^3$

TLVWN(ACGIH):$35\times10^{-6}$,$27mg/m^3$

监测方法:纳氏试剂比色法;离子选择电极法。

工程控制:严加密闭,提供充分的局部排风和全面通风。提供安全淋浴和洗眼设备。

呼吸系统防护:空气中浓度超标时,建议佩戴过滤式防毒面具(半面罩)。紧急事态抢救或撤离时,必须佩戴空气呼吸器。

眼睛防护:戴化学安全防护眼镜。

身体防护:穿防静电工作服。

手防护:戴橡胶手套。

其他防护:工作现场禁止吸烟、进食和饮水。工作完毕,淋浴更衣。保持良好的卫生习惯。

## 第九部分　理化特性

外观与性状:无色、有刺激性恶臭的气体

| | |
|---|---|
| 熔点(℃):-77.7 | 相对密度(水=1):0.82(-79℃) |
| 沸点(℃):-33.5 | 相对蒸气密度(空气=1):0.6 |
| 饱和蒸气压(kPa):506.62(4.7℃) | 燃烧热(kJ/mol):无资料 |
| 临界温度(℃):132.5 | 临界压力(MPa):11.40 |
| 辛醇/水分配系数的对数值:无资料 | |
| 闪点(℃):无意义 | 爆炸上限[%(体积分数)]:27.4 |
| 引燃温度(℃):651 | 爆炸下限[%(体积分数)]:15.7 |
| 溶解性:易溶于水、乙醇、乙醚 | |
| 主要用途:用作制冷剂及制取铵盐和氮肥 | |

续表

| 第十部分　稳定性和反应活性 |
| --- |

稳定性:稳定。

禁配物:卤素、酰基氯、酸类、氯仿、强氧化剂。

避免接触的条件:明火、高热。

聚合危害:不聚合。

分解产物:氧化氮,氨。

| 第十一部分　毒理学资料 |
| --- |

急性毒性:

$LD_{50}$:350mg/kg(大鼠经口);$LC_{50}$:1390mg/$m^3$,4h(大鼠经口)。

急性中毒:轻度中毒者出现流泪、咽痛、声音嘶哑、咳嗽、咳痰等;眼结膜、鼻黏膜、咽部充血、水肿;胸部X线征象符合支气管炎或支气管周围炎。中度中毒上述症状加剧,出现呼吸困难、紫绀;胸部X线征象符合肺炎或间质性肺炎。严重者可发生中毒性肺水肿,或有呼吸窘迫综合征,患者剧烈咳嗽、咳大量粉红色泡沫样痰、呼吸窘迫、谵妄、昏迷、休克等。可发生喉头水肿或支气管黏膜坏死脱落窒息。高浓度氨可引起反射性呼吸停止。液氨或高浓度氨可致眼灼伤;液氨可致皮肤灼伤。

刺激性:家兔经眼100mg,重度刺激。

亚急性与慢性毒性:大鼠,20mg/$m^3$,24h/d,84天,或5~6h/d,7个月,出现神经系统功能紊乱,血胆碱酯酶活性抑制等。

致突变性:

微生物致突发性:大肠杆菌1500×$10^{-6}$/3h。细胞遗传学分析:大鼠吸入19800$\mu$g/$m^3$(16周)。

| 第十二部分　生态学资料 |
| --- |

生态毒性:

$LC_{50}$(鱼类,96h):0.28~2.0mg/L(具体数值因鱼种而异)。

$EC_{50}$(水蚤,48h):0.3~1.5mg/L。

生物降解性:氨在有氧条件下可以被微生物降解,其降解速度受温度、pH值等因素影响。

非生物降解性:在大气中,氨可与酸性物质反应而被去除;在水体中,氨主要通过挥发和生物降解等方式去除。

生物富集或生物积累性:氨在生物体内一般不会产生明显的生物富集现象。

其他有害作用:对水生生物有毒,大量氨进入水体可导致水体富营养化,引起藻类过度繁殖等环境问题。

| 第十三部分　废弃处置 |
| --- |

废弃物性质:危险废物。

废弃处置方法:先用水稀释,再加盐酸中和,然后用大量水冲入下水道。也可以用焚烧法处置,焚烧炉排出的氮氧化物通过洗涤器除去。

废弃注意事项:处置前应参阅国家和地方有关法规。

| 第十四部分　运输信息 |
| --- |

危险货物编号:23003

UN编号:1005

包装类别:Ⅱ类包装

包装标志:有毒气体;易燃气体

包装方法:钢质气瓶;安瓿瓶外普通木箱

运输注意事项:

采用钢瓶运输时必须戴好钢瓶上的安全帽。钢瓶一般平放,并应将瓶口同一方向,不可交叉;高度不得超过车辆的防护栏板,并用三角木垫卡牢,防止滚动。

运输时运输车辆应配备相应品种和数量的消防器材。装运该物品的车辆排气管必须配备阻火装置,禁止使用易产生火花的机械设备和工具装卸。

严禁与氧化剂、酸类、卤素、食用化品等混装混运。夏季应早晚运输,防止日光曝晒。中途停留时应远离火种、热源。

公路运输时要按规定路线行驶,禁止在居民区和人口稠密区停留。

| 第十五部分　法规信息 |
| --- |

《危险化学品安全管理条例》(2011年2月16日修订,自2011年12月1日起施行)、《危险化学品名录》(2015版)等相关法规对其生产、储存、使用、运输和废弃处置等环节进行监管。

# 第五节　本装置污染物主要排放部位和排放的主要污染物

装置主要污染物及排放部位见表 8-4。

**表 8-4　排放的主要污染物及排放部位**

| 序号 | 种类 | 三废排放部位 | 三废名称 | 污染物组成 | 排放量 | 排放规律 | 排放去向 |
|---|---|---|---|---|---|---|---|
| 1 | 废气 | 天然气预热炉 A-F 烟道 | 烟气 | $SO_2$　0.48mg/m³<br>CO　0.005%（体积分数）<br>$CO_2$　6.18%（体积分数） | 21342Nm³/h | 连续 | 经 35m 烟囱排大气 |
| 2 | | 氧气预热炉 A-F 烟道 | 烟气 | $SO_2$　0.4mg/m³<br>CO　0.005%（体积分数）<br>$CO_2$　5.08%（体积分数） | 9178Nm³/h | 连续 | 经 35m 烟囱排大气 |
| 3 | | 高级炔火炬、乙炔火炬 | 燃烧废气 | $NO_x$　207mg/m³<br>CO　0.14%（体积分数）<br>$CO_2$　6.03%（体积分数） | 67669Nm³/h | 开停车 | 经 60m 烟囱排大气 |
| 4 | | 裂化气火炬、裂解气火炬 A/B | 燃烧废气 | $SO_2$　0.84mg/Nm³<br>CO　0.2%（体积分数）<br>$CO_2$　12.68%（体积分数） | 167607×2Nm³/h | 开停车 | 经 45m 烟囱排大气 |
| 5 | | 尾气火炬、合成气火炬 | 燃烧废气 | $NO_x$　199mg/m³<br>CO　0.2%（体积分数）<br>$CO_2$　12.17%（体积分数） | 257809Nm³/h | 开停车 | 经＞50m 烟囱排大气 |
| 6 | 废液 | 炭黑浓密机 | 炭黑废水 | pH　8<br>COD 550mg/L<br>DOC 250mg/L<br>含炭黑、醋酸盐、$Na^+$ | 26m³/h | 连续 | 经脱气，分离处理后至全厂污水场 |
| 7 | | 裂解炉-F 清焦分离废水 | 清焦分离废水 | COD　22mg/L<br>DOC　10mg/L<br>含炭黑、醋酸盐、$Na^+$ | 50m³/d | 间断 | 至全厂污水场 |
| 8 | | 各水封、清洗等排水 | 各水封、清洗等排水 | 微量乙炔、高级炔等 | 120m³/d | 间断 | 至全厂污水场 |
| 9 | | 洗涤冷却塔 A/B | 高级炔排出系统废水 | pH　4～11<br>COD 1100mg/L<br>DOC 300mg/L<br>含醋酸盐、NMP、苯、二甲苯、萘、$Na^+$ | 12m³/d | 间断 | 至全厂污水场 |
| 10 | | 聚合物浓缩器 A/B/C 排出废水 | 聚合物浓缩器排出废水 | pH　4～11<br>COD 550g/L<br>DOC 60g/kg<br>含 NMP、$Na^+$ | 0.6m³/h | 间断 | 至全厂污水场 |
| 11 | | 蒸汽喷射泵 A/B/C 冷凝水 | 蒸汽喷射冷凝水 | 含微量 NMP | 6m³/h | 间断 | 至全厂污水场 |
| 12 | | 碱洗塔排出 | 废碱液 | pH　13～14<br>COD 7g/L<br>DOC 2.5g/kg<br>含 $OH^-$、硫酸盐、亚硫酸盐、碳酸盐、$Na^+$ | 2m³/h | 连续 | 至全厂污水场 |
| 13 | | 乙炔冷凝器 203D641 冷凝水 | 冷凝水 | 微量乙炔 | 0.2m³/h | 连续 | 至全厂污水场 |

| 序号 | 种类 | 三废排放部位 | 三废名称 | 污染物组成 | | 排放量 | 排放规律 | 排放去向 |
|---|---|---|---|---|---|---|---|---|
| 14 | 废固 | 裂解炉-F排出焦炭 | 裂解炉排出焦炭 | 焦炭/炭黑 15% $H_2O$ 85% | | 350t/a | 间断 | 送热电厂作燃料 |
| 15 | | 炭黑离心脱水机 | 炭黑 | 炭黑 25% $H_2O$ 75% | | 3000t/a | 间断 | 送热电厂作燃料 |
| 16 | | 聚合物浓缩器 A/B/C | 聚合物浆 | 聚合物 25% NMP 5% $H_2O$ 74.14% | | 320t/a | 间断 | 送热电厂作燃料 |

# 第六节　本装置存在的重大危险源识别及各单元预先危险性分析

## 一、辨识依据

### 1. 辨识依据

①《危险化学品重大危险源监督管理暂行规定》（根据 2015 年 5 月 27 日国家安全生产监督管理总局令第 79 号修正）

②《危险化学品重大危险源辨识》（GB 18218—2018）

### 2. 重大危险源基本概念

根据《危险化学品重大危险源辨识》（GB 18218—2018），危险化学品是指具有毒害、腐蚀、爆炸、燃烧、助燃等性质，对人体、设施、环境具有危害的剧毒化学品和其他化学品。

单元指涉及危险化学品的生产、储存装置、设施或场所，分为生产单元和储存单元。临界量指某种或某类危险化学品构成重大危险源所规定的最小数量。

重大危险源是指长期地或临时地生产、储存、使用和经营危险化学品，且危险物品的数量等于或超过临界量的单元。

生产单元指危险化学品的生产、加工及使用等的装置及设施，当装置及设施之间有切断阀时，以切断阀作为分隔界限划分为独立的单元。储存单元指用于储存危险化学品的储罐或仓库组成的相对独立的区域，储罐区以罐区防火堤为界限划分为独立的单元，仓库以独立库房（独立建筑物）为界限划分为独立的单元。

危险化学品重大危险源辨识依据是危险化学品的特性及其数量，根据《危险化学品重大危险源辨识》（GB 18218—2018）所列危险化学品名称及其临界量，生产单元、储存单元内存在的危险化学品的数量根据处理危险化学品种类的多少区分为以下两种情况：

① 生产单元、储存单元内存在的危险化学品为单一品种，则该危险化学品的数量即为单元内危险化学品的总量，若等于或超过相应的临界量，则定为重大危险源。

② 生产单元、储存单元内存在的危险化学品为多品种时，则按下式计算，若满足以下公式，则定为重大危险源：

$$S = q_1/Q_1 + q_2/Q_2 + \cdots + q_n/Q_n \geqslant 1$$

式中 $S$——辨识指标；

$q_1, q_2, \cdots, q_n$——每种危险化学品的实际存在量，t；

$Q_1, Q_2, \cdots, Q_n$——与各危险化学品相对应的临界量，t。

### 3. 重大危险源评估单元划分

依据《危险化学品重大危险源辨识》（GB 18218—2018），危险化学品重大危险源是指长期地或临时地生产、储存、使用或经营危险化学品，且危险化学品的数量等于或超过临界量的单元。根据乙炔厂总平面布置情况，并便于重大危险源安全管理，将本项目生产装置划分为如下评估单元，见表 8-5。

**表 8-5 项目生产装置的评估单元**

| 项目 | 评估单元 | 备注 |
|---|---|---|
| 4.5 万吨/年乙炔装置 | 部分氧化区域单元 | |
| | 加氢提浓区域单元 | |
| | 炭黑水处理单元 | |
| | 乙炔净化单元 | |
| 5 万吨/年乙炔生产装置 | 部分氧化区域单元 | |
| | 提浓区域单元 | |
| | 炭黑水处理单元 | |
| | 乙炔净化单元 | |

根据本项目装置和总平面布置情况，并便于重大危险源安全管理，将乙炔气柜作为本项目储存装置的评估单元。

## 二、危险化学品重大危险源的分级

### 1. 重大危险源分级依据

依据《危险化学品重大危险源辨识》（GB 18218—2018）、《危险化学品重大危险源监督管理暂行规定》（国家安全生产监督管理总局令第 40 号）对危险化学品重大危险源进行分级。

### 2. 重大危险源分级计算方法

（1）分级指标

采用单元内各种危险化学品实际存在量与其相对应的临界量比值，在《危险化学品重大危险源辨识》（GB 18218—2018）中规定的临界量比值，经校正系数校正后的比值之和 $R$ 作为分级指标。

（2）$R$ 的计算

重大危险源的分级指标的计算方法。计算如下：

$$R = \alpha \left( \beta_1 \frac{q_1}{Q_1} + \beta_2 \frac{q_2}{Q_2} + \cdots + \beta_n \frac{q_n}{Q_n} \right)$$

式中 $R$——重大危险源分级指标，见表 8-6；

α——该危险化学品重大危险源厂区外暴露人员的校正系数，见表 8-7；

$\beta_1$，$\beta_2$，…，$\beta_n$——与每种危险化学品相对应的校正系数，见表 8-8 和表 8-9；

$q_1$，$q_2$，…，$q_n$——每种危险化学品的实际存在量，t；

$Q_1$，$Q_2$，…，$Q_n$——与每种危险化学品相对应的临界量，t。

表 8-6 危险化学品重大危险源级别和 R 值的对应关系

| 危险化学品重大危险源级别 | R 值 |
| --- | --- |
| 一级 | $R \geqslant 100$ |
| 二级 | $50 \leqslant R < 100$ |
| 三级 | $10 \leqslant R < 50$ |
| 四级 | $R < 10$ |

表 8-7 暴露人员校正系数 α 取值表

| 厂外可能暴露人员数量 | α |
| --- | --- |
| 100 人以上 | 2.0 |
| 50～99 人 | 1.5 |
| 30～49 人 | 1.2 |
| 1～29 人 | 1.0 |
| 0 人 | 0.5 |

表 8-8 毒性气体校正系数 β 取值表

| 名称 | 校正系数 β |
| --- | --- |
| 氨 | 2 |

表 8-9 未在上表中列举的危险化学品校正系数 β 取值表

| 类别 | 符号 | 校正系数 β |
| --- | --- | --- |
| 急性毒性 | J1 | 4 |
| | J2 | 1 |
| | J3 | 2 |
| | J4 | 2 |
| | J5 | 1 |
| 爆炸物 | W1.1 | 2 |
| | W1.2 | 2 |
| | W1.3 | 2 |
| 易燃气体 | W2 | 1.5 |
| 气溶胶 | W3 | 1 |
| 氧化性气体 | W4 | 1 |
| 易燃液体 | W5.1 | 1.5 |
| | W5.2 | 1 |
| | W5.3 | 1 |
| | W5.4 | 1 |

| 类别 | 符号 | 校正系数 β |
|---|---|---|
| 自反应物质和混合物 | W6.1 | 1.5 |
| | W6.2 | 1 |
| 有机过氧化物 | W7.1 | 1.5 |
| | W7.2 | 1 |
| 自然液体和自然固体 | W8 | 1 |
| 氧化性固体和液体 | W9.1 | 1 |
| | W9.2 | 1 |
| 易燃固体 | W10 | 1 |
| 遇水放出易燃气体的物质和混合物 | W11 | 1 |

### 3. 重大危险源辨识与分级结果

（1）生产单元重大危险源辨识与分级结果

依据《危险化学品重大危险源辨识》（GB 18218—2018），本项目各单元中属于《危险化学品重大危险源辨识》（GB 18218—2018）中规定范围内的危险化学品见表 8-10。

表 8-10    炔装置临界量、实际量一览表

| 装置 | 单元划分 | 危险化学品名称 | 危险化学品类别 | 临界量/t | 存在部位 | S |
|---|---|---|---|---|---|---|
| 46.8kt/a 乙炔一期生产装置 | 部分氧化区域单元 | 天然气 | 易燃气体,类别 1;加压气体 | 50 | 设备及连接管道 | 0.029 |
| | | 裂解气 | / | 20 | | |
| | | 氧气 | 氧化性气体,类别 1;高压气体,压缩气体 | 200 | | |
| | 提浓区域单元 | 乙炔 | 易燃气体,类别 1;加压气体;不稳定性气体,类别 A | 1 | 设备及连接管道 | 1.16 |
| | | 液氨 | 易燃气体,类别 2;加压气体;急性毒性-吸入,类别 3;皮肤腐蚀/刺激,类别 1B;严重眼损伤/眼刺激,类别 1;危害水生环境-急性危害,类别 1 | 10 | | |
| | 炭黑水处理单元 | / | / | / | / | / |
| | 乙炔净化单元 | 乙炔 | 易燃气体,类别 1;加压气体;不稳定性气体,类别 A | 1 | 设备及连接管道 | 0.03 |
| 46.8kt/a 乙炔二期生产装置 | 部分氧化区域单元 | 天然气 | 易燃气体,类别 1;加压气体 | 50 | 设备及连接管道 | 0.029 |
| | | 裂解气 | / | 20 | | |
| | | 氧气 | 氧化性气体,类别 1;高压气体,压缩气体 | 200 | | |
| | 提浓区域单元 | 乙炔 | 易燃气体,类别 1;加压气体;不稳定性气体,类别 A | 1 | 设备及连接管道 | 1.16 |
| | | 液氨 | 易燃气体,类别 2;加压气体;急性毒性-吸入,类别 3;皮肤腐蚀/刺激,类别 1B;严重眼损伤/眼刺激,类别 1;危害水生环境-急性危害,类别 1 | 10 | | |
| | 炭黑水处理单元 | / | / | / | / | / |
| | 乙炔净化单元 | 乙炔 | 易燃气体,类别 1;加压气体;不稳定性气体,类别 A | 1 | 设备及连接管道 | 0.03 |

因此乙炔装置提浓区域单元构成危险化学品重大危险源。

二期乙炔装置提浓区域单元分级：

$R=2×1×0.06/1+2×2×11/10=4.52$

$R=4.52$，$R<10$，故二期乙炔装置提浓区域单元构成四级危险化学品重大危险源。

（2）储存单元重大危险源辨识与分级结果

① 储存单元重大危险源辨识

乙炔二期装置区建有 $2500m^3$ 乙炔气柜 1 座，其最高操作压力为 3000Pa，操作温度取 $20℃$，气体常数 $R=8.314Pa·m^3/(mol·K)$，根据理想气体状态方程 $pV=nRT$，则 $n=（3000+0.1×10^6）×2500÷8.314÷（273+20）≈105706$（mol），乙炔气柜中乙炔量 $=105706×26≈2.7$（t），大于临界量 1t，构成危险化学品重大危险源。

临界量、实际量见表 8-11。

表 8-11　临界量、实际量表

| 装置 | 单元划分 | 危化品名称 | 危险化学品类别 | 临界量/t | 实际量/t | S |
|---|---|---|---|---|---|---|
| 二期 | $2500m^3$ 乙炔气柜 | 乙炔 | 易燃气体，类别 1；加压气体；不稳定性气体，类别 A | 1 | 2.7 | 2.7 |

辨识结果：根据 S 值，乙炔厂一期 $2500m^3$ 乙炔气柜、二期气柜均构成危险化学品重大危险源。

② 储存单元重大危险源分级见表 8-12。

表 8-12　储存单元重大危险源分级

| 装置 | 储存单元 | 危险化学品名称 | 储存方式 | 实际量/t | 临界量/t | $\alpha$ | $\beta$ | $R$ | 是否重大危险源 | 级别 |
|---|---|---|---|---|---|---|---|---|---|---|
| 乙炔二期 | $2500m^3$ 气柜 | 乙炔 | 气柜 | 2.7 | 1 | 2 | 1.5 | 8.1 | 是 | 四级 |

# 第七节　乙炔厂二车间消防设施布置图

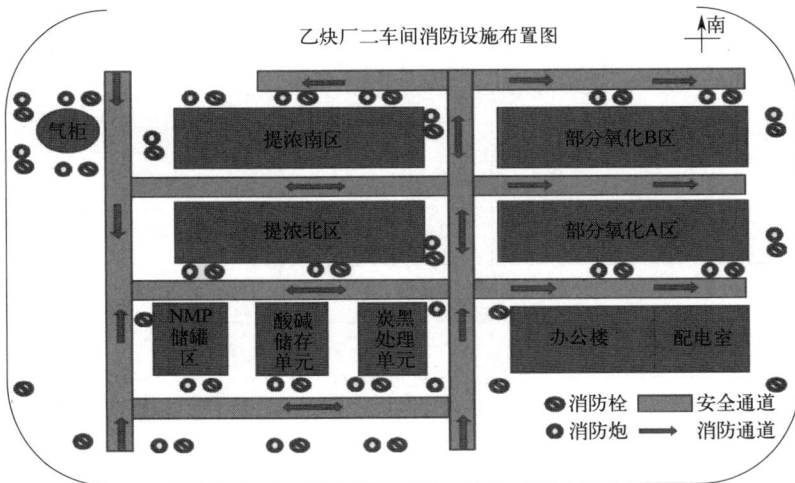

乙炔厂二车间消防设施布置图

# 第八节　本装置可燃有毒气体检测

乙炔二车间可燃有毒气体检测器现场安装位置及报警设置见表 8-13。

**表 8-13　乙炔二车间可燃有毒气体检测器现场安装位置及报警设置**

| 卡件号 | 通道号 | 位号 | 检测气体名称 | 安装位置 | 测量范围 | 报警值 |
|---|---|---|---|---|---|---|
| 第一块<br>Regard<br>8 通道<br>显示卡 | H1 | GD0301 | 氢气 | 裂解气压缩机 A 平台 | 0～100％LEL | A1：20％LEL<br>A2：40％LEL |
| | H2 | GD0302 | 氢气 | 裂解气压缩机 B 平台 | 0～100％LEL | A1：20％LEL<br>A2：40％LEL |
| | H3 | GD0303 | 氢气 | 2 裂解炉 E 旁 5 楼 | 0～100％LEL | A1：20％LEL<br>A2：40％LEL |
| | H4 | GD0304 | 甲烷 | 天然气预热炉 E<br>旁 4 楼 | 0～100％LEL | A1：20％LEL<br>A2：40％LEL |
| | H5 | GD0305 | 甲烷 | 天然气预热炉 B<br>旁 4 楼 | 0～100％LEL | A1：20％LEL<br>A2：40％LEL |
| | H6 | GD0306 | 氢气 | 2 裂解炉 B 旁 5 楼 | 0～100％LEL | A1：20％LEL<br>A2：40％LEL |
| | H7 | GD0307 | 甲烷 | 2 裂解炉 E 旁 6 楼 | 0～100％LEL | A1：20％LEL<br>A2：40％LEL |
| | H8 | GD0308 | 甲烷 | 2 裂解炉 B 旁 6 楼 | 0～100％LEL | A1：20％LEL<br>A2：40％LEL |
| 第二块<br>Regard<br>8 通道<br>显示卡 | H9 | GD0309 | 氢气 | 预洗塔平台 3 楼 | 0～100％LEL | A1：20％LEL<br>A2：40％LEL |
| | H10 | GD0310 | 丁二炔 | 高级炔压缩机平台 | 0～100％LEL | A1：20％LEL<br>A2：40％LEL |
| | H11 | GD0311 | 乙炔 | 乙炔洗涤塔旁 2 楼 | 0～100％LEL | A1：20％LEL<br>A2：40％LEL |
| | H12 | GD0312 | 乙炔 | 203D380 旁 3 楼 | 0～100％LEL | A1：20％LEL<br>A2：40％LEL |
| | H13 | GD0313 | 乙炔 | 乙炔阻解器旁 3 楼 | 0～100％LEL | A1：20％LEL<br>A2：40％LEL |
| | H14 | GD0314 | 乙炔 | 冷凝水混合液<br>罐旁 3 楼 | 0～100％LEL | A1：20％LEL<br>A2：40％LEL |
| | H15 | GD0315 | 乙炔 | 高级炔洗涤塔<br>旁 4 楼 | 0～100％LEL | A1：20％LEL<br>A2：40％LEL |
| | H16 | GD0316 | 乙炔 | 203D385 旁 4 楼 | 0～100％LEL | A1：20％LEL<br>A2：40％LEL |
| 第三块<br>Regard<br>8 通道<br>显示卡 | H17 | GD0317 | 乙炔 | 乙炔压缩机 B 旁 | 0～100％LEL | A1：20％LEL<br>A2：40％LEL |
| | H18 | GD0318 | 丁二炔 | 203J1701 | 0～100％LEL | A1：20％LEL<br>A2：40％LEL |
| | H19 | GD0319 | 乙炔 | 一级酸洗塔旁 2 楼 | 0～100％LEL | A1：20％LEL<br>A2：40％LEL |
| | H20 | GD0320 | 乙炔 | 203T620 旁 2 楼 | 0～100％LEL | A1：20％LEL<br>A2：40％LEL |
| | H21 | GD0321 | 乙炔 | 203D641 旁 1 楼 | 0～100％LEL | A1：20％LEL<br>A2：40％LEL |
| | H22 | GD0322 | 乙炔 | 203TK390 旁 | 0～100％LEL | A1：20％LEL<br>A2：40％LEL |
| | H23 | TD0304 | CO | 裂解气压缩机 A 平台 | $0～100×10^{-6}$ | A1：$12×10^{-6}$<br>A2：$24×10^{-6}$ |
| | H24 | TD0305 | CO | 裂解气压缩机 B 平台 | $0～100×10^{-6}$ | A1：$12×10^{-6}$<br>A2：$24×10^{-6}$ |

续表

| 卡件号 | 通道号 | 位号 | 检测气体名称 | 安装位置 | 测量范围 | 报警值 |
|---|---|---|---|---|---|---|
| 第四块Regard 8通道显示卡 | H25 | TD0306 | CO | 3楼 R100D 旁 | $0\sim100\times10^{-6}$ | A1:$12\times10^{-6}$<br>A2:$24\times10^{-6}$ |
| | H26 | TD0307 | CO | 3楼 R100E 旁 | $0\sim100\times10^{-6}$ | A1:$12\times10^{-6}$<br>A2:$24\times10^{-6}$ |
| | H27 | TD0308 | CO | 3楼 R100F 旁 | $0\sim100\times10^{-6}$ | A1:$12\times10^{-6}$<br>A2:$24\times10^{-6}$ |
| | H28 | TD0309 | CO | 3楼 R100A 旁 | $0\sim100\times10^{-6}$ | A1:$12\times10^{-6}$<br>A2:$24\times10^{-6}$ |
| | H29 | TD0310 | CO | 3楼 R100B 旁 | $0\sim100\times10^{-6}$ | A1:$12\times10^{-6}$<br>A2:$24\times10^{-6}$ |
| | H30 | TD0311 | CO | 3楼 R100C 旁 | $0\sim100\times10^{-6}$ | A1:$12\times10^{-6}$<br>A2:$24\times10^{-6}$ |
| | H31 | TD0312 | CO | T310 2楼 | $0\sim100\times10^{-6}$ | A1:$12\times10^{-6}$<br>A2:$24\times10^{-6}$ |
| | H32 | ASH2裂解炉 X—02A | 甲烷 | AH1 | 0～100%LEL | A1:20%LEL<br>A2:40%LEL |
| 第五块Regard 8通道显示卡 | H33 | ASH2裂解炉 X—02B | 甲烷 | AH1 | 0～100%LEL | A1:20%LEL<br>A2:40%LEL |
| | H34 | ASH2裂解炉 X—02C | 甲烷 | AH1 | 0～100%LEL | A1:20%LEL<br>A2:40%LEL |
| | H35 | ASH2裂解炉 X—02E | CO | AH1 | $0\sim100\times10^{-6}$ | A1:$12\times10^{-6}$<br>A2:$24\times10^{-6}$ |
| | H36 | ASH2裂解炉 X—02F | CO | AH1 | $0\sim100\times10^{-6}$ | A1:$12\times10^{-6}$<br>A2:$24\times10^{-6}$ |
| | H37 | ASH2裂解炉 X—02G | CO | AH1 | $0\sim100\times10^{-6}$ | A1:$12\times10^{-6}$<br>A2:$24\times10^{-6}$ |
| | H38 | ASH203R340X—02A | 乙炔 | AH2 | 0～100%LEL | A1:20%LEL<br>A2:40%LEL |
| | H39 | ASH203R340X—02E | CO | AH2 | $0\sim100\times10^{-6}$ | A1:$12\times10^{-6}$<br>A2:$24\times10^{-6}$ |
| | H40 | ASH203R340X—02B | 乙炔 | AH2 | 0～100%LEL | A1:20%LEL<br>A2:40%LEL |
| 第六块Regard 8通道显示卡 | H41 | ASH203R340X—02C | 乙炔 | AH2 | 0～100%LEL | A1:20%LEL<br>A2:40%LEL |
| | H42 | ASH203R340X—02F | CO | AH2 | $0\sim100\times10^{-6}$ | A1:$12\times10^{-6}$<br>A2:$24\times10^{-6}$ |
| | H43 | ASH203R340X—02G | CO | AH2 | $0\sim100\times10^{-6}$ | A1:$12\times10^{-6}$<br>A2:$24\times10^{-6}$ |
| | H44 | GD0323 | 乙炔 | 凝液收集罐坑 | 0～100%LEL | A1:20%LEL<br>A2:40%LEL |
| | H45 | TDNH320301 | $NH_3$ | 氨制冷 | 0～100%LEL | A1:20%LEL<br>A2:40%LEL |
| | H46 | GD0324 | 乙炔 | 203T901 顶 | 0～100%LEL | A1:20%LEL<br>A2:40%LEL |
| | H47 | TDNH320302 | $NH_3$ | 氨制冷 | $0\sim50\times10^{-6}$ | A1:$12\times10^{-6}$<br>A2:$24\times10^{-6}$ |
| | H48 | TDNH320303 | $NH_3$ | 氨制冷 | $0\sim50\times10^{-6}$ | A1:$12\times10^{-6}$<br>A2:$24\times10^{-6}$ |
| 第七块Regard 8通道显示卡 | H49 | TDNH320304 | $NH_3$ | 氨制冷 | $0\sim50\times10^{-6}$ | A1:$12\times10^{-6}$<br>A2:$24\times10^{-6}$ |
| | H50 | GD0325 | 氢气 | 分析室钢瓶间 | 0～100%LEL | A1:20%LEL<br>A2:40%LEL |